Principios para la Transformación Cualitativa de toda Organización

Principios para la transformación cualitativa de toda organización

Primera edición, 2022 | Editorial Shanti Nilaya®

Diseño editorial: Editorial Shanti Nilaya®

ISBN | 978-1-957973-20-3

eBook ISBN | 978-1-957973-21-0

shantinilaya.life/editorial

Santiago Sucarrats Dañobeitia

Principios para la Transformación Cualitativa de toda Organización

shanti nilaya
EDITORIAL

Índice

Prólogo

No hay vidas complicadas,
sólo personas que se complican
la vida
Anónimo

Hoy por hoy, las organizaciones, ya sea a través de sus propios fundadores o emprendedores o aquel que tome el rol de director general en una empresa en crecimiento, consolidada o en proceso de consolidación que tome decisiones, deberán establecer sus propias prioridades y retos para trascender en constante cambio. Sus tres principales responsabilidades se encuentran enmarcadas en el diseño de las estrategias, la ejecución de las mismas, y el diseño de una cultura basado fundamentalmente en la construcción de un trabajo en equipo que lo acompañe en el logro de los objetivos.

Las organizaciones tienen que operar con un propósito claro y preciso, un propósito que definirá su misión y visión, articulando, por medio de una estructura de flujo, a su gente, que es el recurso natural más importante que toda empresa tiene. El reto de cualquier organización, con sus colaboradores, es el cultivar permanentemente sus talentos, que sean más flexibles y adaptables a los cambios, más diversos en su género y bajo una estructura más horizontal y menos jerárquica. En constante sinfonía de cuestionar más el porqué que el cómo y el qué.

El año 2020 el mundo paró provocado por un agente externo llamado genéricamente como virus; sin embargo, más allá de un virus, al retomar y al volver a girar el mundo, lo hace de una manera diferente, se dio más que un cambio, ocurrió una transformación; es decir, aparece otro paradigma, una nueva lógica y óptica del operar de las organizaciones y del comportamiento de los seres humanos. Las empresas fueron forzadas a ser más rápidas, presionadas por la velocidad de los cambios, ya sea por los hábitos de los consumidores, por la competencia misma, por la innovación de los productos o por una nueva manera de ver la vida.

Esta nueva forma de pretender vivir despierta una nueva consciencia que centra a las empresas y los nuevos emprendimientos a definir estrategias más enfocadas a la sustentabilidad, para crear valor social en adición a lo económico. En otras palabras, crecimiento con desarrollo que promueve bienestar más equitativo y justo, siendo consciente de la necesidad de cuidar el planeta que habitamos y de la comunidad de la que formamos parte.

Dicha prontitud del cambio se está acelerando y la estructura de las organizaciones debe ser más fluida que nunca. Dicha inmediatez tiene que ser sostenible y con alto nivel de urgencia. La velocidad debe ser embebida dentro de la organización como lo menciona McKinsey, no es revitalizar la compañía o compañías para correr más rápido sino diseñarlos para correr más eficiente e inteligentemente, y sólo se logra con innovación y productividad. Es utilizar el estrés a su favor sin ser estrés, creando rutinas efectivas, desarrollando habilidades, aprendiendo nuevos conocimientos y capacidades para manejar mucho mejor las situaciones.

Para afrontar las prioridades anteriores, debemos convertir los problemas de carácter complicado en complejo o simple para enfrentarlos con mayor armonía. Santiago Sucarrats Dañobeitia, nos menciona en su libro *Principios para una Transformación Cualitativa Organizacional* que en realidad las cosas, los eventos y los pensamientos son de simples a complejos y viceversa, y eso es natural; pero si se traslada al mundo de los complicado es por la existencia de un entendimiento fragmentado derivado de contextos cruzados o auto-interferidos.

El problema de la fractura que complica, dice Santiago Sucarrats, se genera desde dentro, en las propias personas bajo procesos desalineados y sin orden y estructura adecuada. Al contrario, al girar todo en el mismo sentido se fortalece la espiral que potencializa los resultados. No hay buenos resultados sin planeación ya que nada es circunstancial, y tampoco lo existe sin procesos y estructuras de calidad. Recordemos que las empresas son organismos vivos que interactúan sus células de una manera u otra con coordinación y comunicación bajo un contexto único y claro.

Los principios para la Transformación Cualitativa de las Organizaciones bajo sus siglas MTCO, se fundamenta en la Lógica Contextual, diseñado por el Sr. Sucarrats hace más de 15 años y que determina la Ciencia en el desarrollo organizacional basado en la física aplicada.

La Lógica Contextual abre un nuevo paradigma para estructurar el pensamiento – ordenarlo – con una comunicación constructiva y asertiva, minimizando las fricciones, la confusión y la fragmentación. Convertir lo complicado en complejo y de lo complejo a lo simple, lo cual da un sentido más claro y preciso, armonizando la convivencia dentro y fuera de las organizaciones. Lo complicado es un "enredo", según palabras del autor, algo engorroso, intrincado y espinoso, causado por un conjunto de interferencias contextuales que hay que eliminar alineando los mismos. Por lo tanto, debemos de entender que el contexto determina el contenido y que la interpretación del contenido lo determina el contexto en que se encuentra.

De acuerdo con los Principios para la Transformación Cualitativa Organizacional, el cambio de un proceso, obliga a rediseñar la estructura que le da orden; de lo contrario, el proceso carece de sentido ya que no se lleva a cabo como fue diseñado, y es la estructura la que le da sentido. Dicho lo anterior, la calidad de la estructura E determina la calidad del proceso P que a su vez determina la calidad del resultado R. En virtud de lo anterior, cualquier proyecto es un proceso que se puede administrar y optimizar mediante la línea E-P-R, eliminando las fragmentaciones y elevando la calidad de los procesos y de los resultados.

Mediante los principios E – P - R (Estructura que da orden y disciplina, Procesos que dice como hacer las cosas, y Resultados como objetivos a lograr) perfectamente alineadas se logra el bienestar de los resultados esperados. Un proceso inadecuado y sin estructura adecuada de orden y disciplina conlleva a resultados no esperados. Por ende, la calidad de los resultados se dará de acuerdo a la calidad de los procesos, que deberá de ejecutarse mediante estructura apropiada que se alinea con la estrategia.

Santiago Sucarrats postula que la estructura que se utiliza hoy en día en la mayoría de las organizaciones y creada hace más de dos siglos es obsoleta, ya que promueve una administración cuadrada lineal unidireccional que no se comunican con fluidez y no entra en una consonancia de coordinación, proponiendo una estructura "orbital" donde las áreas y las subáreas se comunican con pleno conocimiento y le dan fluidez y control.

Es importante matizar que el principal problema de la comunicación humana es que no escuchamos para entender, sino que escuchamos para dar una respuesta. La coordinación lingüística lo trata de resolver y debe formar parte de la cultura de toda organización siendo los cimientos de toda buena ejecución. La administración basada en la metodología del E-P-R es sólida y efectiva cuando dentro de su visión y estrategia se centra en los clientes y en su gente; voces que hay que escuchar permanentemente. No olvidemos por ello que la cultura será siempre parte de la estrategia.

El E-P-R genera un círculo virtuoso de procesos que mejora los resultados de manera constante, tal como se estableció en los años 90 por los japoneses en su definición de control de calidad y genera una espiral logarítmica de desarrollo y crecimiento como múltiplo y no como porcentajes lineales. El crecimiento logarítmico exponencial se explica físicamente por la fuerza centrífuga que se genera en espiral y de manera rítmica para otorgar los resultados, cuyo motor de generación es la fuerza interna lograda por la energía aplicada hacia adentro de la organización. En otras palabras, la estructura que determina los procesos, y los procesos que determina los resultados.

La interpretación contextual intenta resolver los problemas no resueltos por la interpretación semántica debida a la falla de información contextual, del discurso a la aplicación.

Una complicación sin resolver se vuelve crisis y contiene 3 elementos: una posible solución, una fecha de caducidad y una enseñanza de vida. De acuerdo con las palabras de Werner Erhard: "La vida no es fácil ni complicada, ni clara ni obscura, ni contradictoria ni coherente, la vida ES". Igualmente comenta "es importante que te quede claro para ti que el único acceso para impactar en la vida es la acción".

Este viaje E – P – R requiere de honestidad intelectual, los Principios para la Transformación Cualitativa Organizacional, modela el aprendizaje en su aplicación y se vuelve parte del día a día. Aprender como ejecutarlo es la travesía a realizar.

César Lau Yuen

Introducción

Los principios para la transformación cualitativa de una organización pueden aplicarse a toda organización, ya sea de productos o servicios, sin importar cuán pequeña o grande sea, funcionan de igual manera.

Definiendo a una organización como un grupo de seres humanos con un propósito en común, una empresa, micro o macro, es una organización; una familia es una organización; un país representa una macro organización.

Unos pocos casos han encontrado muy interesante y transformador, en la armonía, gozo relacional e incluso estabilidad financiera familiar, al aplicar estos principios a su familia, considerándola como lo que es, una organización, con una misión, una visión y objetivos. Generalmente las familias carecen de estructura, van al azar, así como las aplicaciones en macroeconomía.

El país, como organización debería tener una estructura que ordenara todos y cada uno de sus contenidos. La articulación de bienes y servicios de esa nación hipotética, sería óptima.

Experimentalmente se ha aplicado a una diversidad de organizaciones, comprobándose en términos observables y medibles su puntual eficacia.

El modelo presente de transformación cualitativa organizacional es producto de una minuciosa investigación que utiliza tres lógicas en integración y complementariedad: la lógica formal, la lógica dialéctica y la lógica contextual; por lo que el presente texto incluye una sección con los conceptos básicos de estas tres lógicas (simplificados y comprensibles para cualquier persona).

La inclusión de estas tres lógicas es absolutamente necesario si queremos salir del enredo (complicación) en el que estamos.

Como explicaremos posteriormente con más detalle, todo es simple y complejo, mas no complicado. Lo simple viene de simplex, es unitario, obvio, fluye, por tanto es funcional; lo complejo es un conjunto de elementos simples, fluye, por lo tanto también es funcional. Lo complicado es el enredo de lo complejo, no fluye porque se auto interfiere, por tanto es disfuncional.

Hemos caído en la extrema complicación, en el enredo en todos los niveles organizacionales, desde la célula familiar hasta un país como macro organización. Organizaciones complicadas, un sistema educativo enredoso, que a su vez generan estudiantes que al salir tienen un visón complicada de las organizaciones, como si esa fuera su condición natural de ser.

Lo complicado se genera cuando una cultura es incapaz de distinguir la relación entre contexto y contenido, relacionando contenidos entre sí para establecer conclusiones falsas o verdaderas, como veremos en detalle en la lógica contextual. Es el contexto el que determina el sentido del contenido, y cuando varios contextos se cruzan, en relación al mismo contenido, este contenido cae en complicación.

Los últimos capítulos del presente texto están compuestos por los complementos teóricos necesarios para comprender y aplicar los principios del Modelo para la Transformación Cualitativa Organizacional **MTCO**.

PRIMERA PARTE

Evolución Cualitativa Organizacional. Método científico

I. ¿Estás confundido?

Cuando se busca la mejora cualitativa de una organización y su desarrollo estable y permanente, surgen tantas versiones, modelos, tecnologías diversas, que nos fragmentan, y por ende, confunden.

¿Cuál seguir? En función de lo anterior, luego de una minuciosa investigación científica, observo y analizo los modelos que circulan en el ámbito internacional. Postulando que casi todas estas tecnologías que circulan en el mercado internacional, para el logro de la calidad productividad y eficiencia organizacional, contribuyen, es decir tienen elementos muy valiosos, el problema está en su integración estructural.

Si estas metodologías, no importa cuán buenas sean, no logran integrarse estructuralmente, se interfieren. Es como si mi pierna derecha interfiriera con la izquierda, en el proceso de dar pasos hacia adelante.

Utilicemos una metáfora para comprender esto, que es fundamental sobre todo en nuestros tiempos: la materia prima revuelta se convierte en basura, la basura separada se convierte en materia prima.

La materia prima se revuelve por falta de un marco referencial que ponga cada cosa en su lugar, por un analfabetismo estructural generalizado, incapaz de distinguir que detrás de todo proceso existe una estructura que lo determina.

Y dado que vivimos una época cuantitativa, se tiene la ilusión de que cuantas más cosas, cuanto mejor para mi organización, generando complicaciones extremas. Lo que al aumentar la complicación, y por ende, la auto interferencia y contradicción, conducen a la confusión y frustración.

Invariablemente cuando nuestro modelo se presenta ante empresarios, estos expresan 'es que ya tenemos esto y también aquello', respondemos, sí, tienen de todo; sin embargo en un análisis descubrimos que esa promiscuidad metodológica, este énfasis en lo cuantitativo por lo cuantitativo está originando interferencias en el flujo de los procesos, por tanto, en la calidad, productividad y eficiencia de la organización.

II. Ciencia en el desarrollo organizacional

Puesto que la aproximación que tomaremos para comprender los principios del desarrollo organizacional es de carácter científico, simplificado y comprensible para cualquier empresario, comencemos hablando de ciencia.

La ciencia más ordenada, estructuralmente hablando, en este mundo es la físico-matemática, sin embargo, ese orden no se ve, no lo ven los académicos, enseñando la disciplina a los alumnos de una forma enredosa, complicada, confusa y angustiosa.

Especialmente la físico-matemática, porque las matemáticas puras son ciegas, deben de montarse en parámetros de la física que les da el sentido, para así generar mediciones, cálculos y deducciones.

Así pues, la físico-matemática es el modelo clásico de una estructura científica. Entendiendo por ciencia al conocimiento cierto de las cosas por sus principios y causas primeras, que parten de leyes, que a su vez parten de condiciones de si siempre.

Es decir, siempre operan, siempre funcionan. Cuando una persona entrega un pase de abordar en un aeropuerto, no le dicen "pase, a lo mejor el avión vuela, a lo mejor no". El avión siempre volará, con base en los principios físico–matemáticos de Bernoulli.

La física se demuestra matemáticamente en su funcionalidad, en la realidad espacio temporal en que nos movemos. Si se aplican los principios, estos siempre funcionarán, lo cual se puede observar y demostrar en términos medibles.

En física, el conocimiento de las leyes de la mecánica que rigen el movimiento permite, al conocer un parámetro, deducir otros, pudiendo predecir la trayectoria y comportamiento de un cuerpo.

Por ejemplo: si conocemos la fuerza aplicada a un objeto, podemos obtener la aceleración, que a su vez, conociendo la aceleración se puede calcular sucesivamente la velocidad, distancia recorrida, tiempo empleado, y de esta manera conocer la trayectoria y el comportamiento del cuerpo.

Si consultáramos a cualquier físico, de cualquier país o continente, nos daría una **versión convergente y congruente,** con base en este marco de la físico–matemática.

Sin embargo, cuando entramos al ámbito del desarrollo organizacional, si preguntáramos en un congreso internacional sobre calidad y desarrollo organizacional ¿cuál es la fórmula, el modelo más fiable para desarrollar y transformar cualitativamente a una organización?

Tendríamos tantas definiciones como definidores; métodos, modelos, técnicas, una diversidad divergente e incongruente que confunde y fragmenta, aún más, la óptica ya de por sí fragmentada.

¿Por qué no pasa eso en las ciencias exactas, específicamente la físico –matemática? No pasa porque existe un cuerpo de principios y leyes que regulan la diversidad de fenómenos, generando una magnifica convergencia y funcionalidad.

La investigación para la transformación cualitativa de las organizaciones partió de la pregunta ¿existirán principios que al aplicarse en toda organización operen como los principios de la física, es decir condición de si siempre, si se aplican siempre funcionarán?

Luego de 15 años de investigación, se descubren los principios de la transformación cualitativa de una organización, naciendo el Modelo para la transformación cualitativa organizacional y sus tres principios: **E** = Orden y transformación estructural, **P** = Transformación cualitativa de Procesos, **R** = Mejora continua cualitativa y cuantitativa.

III. Principios de la Evolución Cualitativa de Toda Organización

Estructura → Procesos → Resultados

Funcionalmente toda organización contiene tres estratos: Estructura, Procesos y Resultados. Definiendo organización, como lo hemos mencionado al iniciar el texto, a un conjunto de seres humanos con un propósito o misión en común.

Es decir, dado un conjunto de seres humanos que se unen en función de un marco referencial o propósito, para realizar dicho propósito, forman una estructura, que a su vez determina una serie de procesos encaminados a generar resultados específicos.

En otros términos, los resultados cualitativos y cuantitativos que obtiene una organización son función de sus procesos, si hay calidad en los procesos habrá calidad en los resultados, tanto cualitativa como cuantitativamente.

A su vez, los procesos son orientados, moldeados por una estructura, dando la línea causal de transformación cualitativa de toda organización: **E)** estructura determina **P)** procesos que a su vez determinan los **R)** resultados, tanto cualitativa como cuantitativamente.

Esta es la fórmula científica y simple, demostrable en términos observables y medibles.

Casi todas las organizaciones han perdido la línea causal por haber caído en lo complicado (ver capítulo Todo es simple y complejo mas no complicado), estableciendo una gestión orientada casi exclusivamente a los resultados, sin distinguir la relación causal entre procesos y resultados, que aunque es obvia se omite en la gestión.

Sin embargo, como lo describo minuciosamente en el capítulo Ciencia de lo Cualitativo, descubro que la gestión japonesa está orientada a los procesos para los resultados, ya que los procesos deben de ser mejorados antes de que se obtengan resultados mejorados. La mayoría de la gestión occidental está orientada a los resultados, sin observar la relación causal **proceso–resultado.**

Procesos → Resultados

Esta distinción, presente en la gestión japonesa, a su vez está determinada por el contexto cultural japonés que tiende a la mejora de los procesos y que se puede ver reflejada en todas sus expresiones culturales: Ceremonia del Té, Bonsái, Bunraku, Ikebana, Shodo, Kendo, etc.

En esta orientación a pulir el proceso, que envuelve a la cultura japonesa, reside la clave del fenómeno cualitativo japonés, que invadió los mercados internacionales después de finalizada la Segunda Guerra Mundial.

E. Deming, de EUA, lleva a Japón sus métodos estadísticos de control de calidad, postulando: Al mejorar la calidad, los costos bajan, la productividad se incrementa y mejora la posición de la empresa en el mercado nacional e internacional.

La convergencia de la cultura japonesa, orientada a la mejora de los procesos, en complementariedad de los métodos estadísticos de calidad de Deming, detonó el fenómeno nipón de calidad.

Aunque inicialmente obtuvieron tecnología de Europa y EUA, esta fue superada cualitativamente al poco tiempo de haber sido adquirida, invadiendo los mercados con productos Made in Japan, de alta calidad. Por ejemplo, imitaban una cámara alemana, para posteriormente desglosar todos y cada uno de los procesos que generaban el resultado, una cámara de fotografiar.

Aplicando la gestión **P— R**, o sea mejora de procesos para mejorar los resultados, lograban un producto mejorado cualitativamente, e incluso de menor precio, pues el orden de procesos permite reducir costos.

Japón pasó de ser una nación con tecnología de segunda, a ser líder mundial en alta tecnología, llegando a posicionarse como la tercera economía del mundo, a pesar de su pequeña superficie geográfica y escasez de recursos naturales, no teniendo inicialmente la inventiva de, por ejemplo, el pueblo alemán.

Los productos japoneses tienen una singular presencia en todo el planeta, sobresaliendo en la producción de automóviles, motocicletas, barcos, electrodomésticos, radios, televisores, cámaras fotográficas y tecnología de la información.

Marcas como Toyota, Nissan, Isuzu, Sony, Panasonic, Fujifilm, son conocidos internacionalmente por su alta calidad.

El secreto japonés, sin duda, está en la lógica y óptica **P- R** de su visión de procesos para los resultados, es decir mejoremos continuamente los procesos y mejorarán cualitativa y cuantitativamente los resultados, porque la calidad es causa primera de la cantidad. Cuando el proceso mejora, fluye más, reduce costos, eficientiza y por tanto genera mayor productividad.

Los criterios **P-R** (observar los procesos para que mejoren los resultados) parten de una visión causal más completa. Por el contrario, los criterios **R** (observar solo el resultado) son más directos y a corto plazo.

La óptica y lógica **P-R** llena el vacío entre el proceso y el resultado, entre los fines y los medios, entre los objetivos y las medidas, y ayuda a los directivos ver todo el cuadro sin desviaciones.

Por supuesto que cada directivo está interesado en los resultados. Sin embargo, este entendimiento le permite deducir que no se estabilizarán los resultados a menos que mejoren los procesos, por lo que se observa en los gerentes exitosos, en compañías exitosas, que tales gerentes tienden hacia la orientación en los procesos para los resultados, o sea **P-R**.

La Ecuación Completa

Durante mi búsqueda de un modelo científico, es decir que siempre funcione, de transformación cualitativa organizacional, luego de estudiar la cultura y gestión empresarial japonesa durante años, me preguntaba: excelente, pero algo falta para completar la ecuación y que tengamos un modelo realmente científico.

Lo intuía, mas no encontraba la solución. La respuesta se fue fraguando durante los años en que estuve en Werner y Asociados en la ciudad de Nueva York. Esta se fue armando gradualmente.

Al tomar todos los programas de Werner y escuchar sus planteamientos, distinguí que utilizaba una lógica complementaria que la academia no había descubierto aún, una lógica que distingue la relación entre contexto y contenido, y la relación entre contextos.

Sabiendo que nuestra lógica académica solo relaciona contenidos para deducir conclusiones falsas o verdaderas (lógica formal), pero es ciega al contexto que envuelve y determina al juego de contenido con contenido.

Los primeros elementos que me permitieron armar la ecuación fue la distinción entre **contexto y contenido**. Contexto es una totalidad y el contenido es una parte dentro de dicha totalidad. Entonces, el primer paso es distinguir:

- Contexto
- Contenido

Por ejemplo: la letra es un contenido en relación al contexto palabra; a su vez la palabra es un contenido en relación al contexto frase. Es la palabra la que determina el sentido de la letra, la letra aislada no tiene sentido. Si decimos C no decimos nada, no hay sentido alguno, pero si decimos caballo, la letra C toma un sentido dentro del contexto de la palabra caballo.

Así mismo la palabra sin el contexto de la frase no tiene sentido pleno como unidad lingüística de expresión. Caballo tiene sentido, pero aún no es una unidad lingüística plena, si construimos la frase “el caballo corre”, ahora sí tiene sentido pleno.

Si representamos al contexto como un marco llamándolo **M** y al contenido como una esferita **q**, diríamos **M** determina el sentido de **q**.

M= contexto

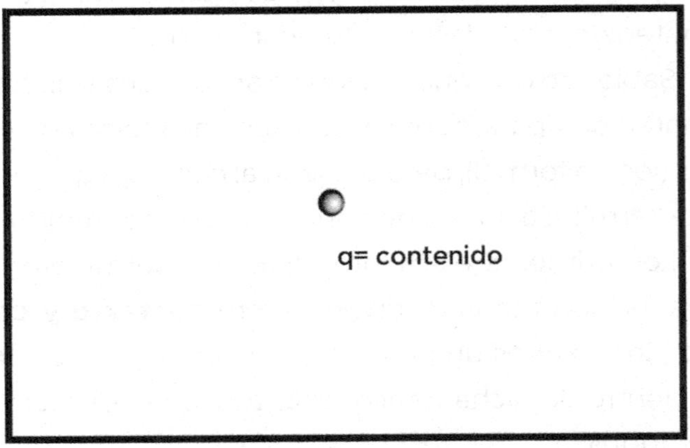

Como contexto determina sentido del contenido, cambio de contexto cambia el sentido del contenido, aunque el contenido sea exactamente el mismo.

Ejemplo:

Sacaste dinero del **banco**, te has sentado en el **banco.** Los contextos en este caso son las frases sacaste dinero y te has sentado. El contenido es la palabra **banco,** cuando cambiamos el contexto, aún permaneciendo el mismo contenido, el contenido (palabra banco) adquirió un sentido completamente diferente, pues es el contexto el que siempre da el sentido al contenido.

Para aplicar y verificar esta lógica es fundamental, primero, distinguir el contenido del contexto, en una aplicación dada, para descubrir que cuando se relaciona el contexto con un contenido siempre el contexto determinará al sentido del contenido, que contenido sin contexto es contenido sin sentido.

Ahora bien, todo proceso es un contenido, por tanto tiene un contexto que le da el sentido; si el contenido en proceso no tiene contexto perderá el sentido completamente (ver capítulo Lógica Contextual).

Incluso, los parámetros más objetivos de nuestra realidad física como peso, velocidad, tiempo, son función de un marco referencial, lo cual demuestra cuantitativamente la Teoría de la Relatividad.

Imagine el lector que en este momento está viajando en el espacio a una velocidad de 200 km por segundo, y no hay un marco referencial. Estará viajando sin velocidad, es el marco el que le da sentido (ver lógica contextual, deducción de la primera ley, contexto determina sentido del contenido), sin un contexto, no hay sentido del contenido en proceso, por tanto el contenido en proceso no tendrá velocidad.

En síntesis

- Contexto determina contenido
- Cambia contexto, cambia sentido del contenido
- Contenido sin contexto, contenido sin sentido
- Calidad y precisión de la relación contexto – proceso = calidad del proceso.

Al distinguir contexto de contenido, en una relación dada, entonces descubriremos una ley (condición de si siempre). En la relación contexto-contenido, el contexto siempre determinará el sentido del contenido. Por tanto, cambio de contexto cambia de sentido el contenido, un contenido sin contexto no tiene sentido.

Imagine el lector un proceso simple, para ilustrar lo anterior, por medio del cual nos permita distinguir que detrás de todo proceso hay un marco contextual o estructura que le da sentido.

Escribía Aristóteles que lo simple es anterior a lo complejo, como lo completo a lo incompleto, si entendemos un ejemplo simple comprenderemos uno complejo.

Este proceso simple, en el ejemplo presente, es el de trasladarse de la oficina a casa, o de cualquier punto a casa.

Para realizar su propósito (llegar a casa), el lector tiene que realizar una serie de procesos: Proceso 1 (subir al auto y encenderlo). Proceso 2 (conducir 10 cuadras por esta avenida en la que me encuentro). Proceso 3 (doblar a la derecha y conducir 3 cuadras). Proceso 4 (doblar a la izquierda y conducir 20 kilómetros). Proceso 5 (al primer semáforo doblar a la derecha y conducir 5 cuadras) ------ **Resultado** (en casa).

Ahora imagine que a esta persona se le borra el marco referencial, el contexto. Caminará a casa por instinto, casi como olfateando, recorriendo todas las calles, hasta que por casualidad, un día, tope con la fachada de su casa. Como esos perros que los dejan por descuido y aparecen en casa una semana después.

En el ejemplo simple descrito, el contexto es el mapa que la persona tiene del área urbana, la claridad y precisión de este marco determinará la calidad y precisión del proceso de moverse de un punto a otro. Un taxista experimentado se moverá de un punto a otro con mayor eficiencia que otra persona que no conoce bien el área urbana. La eficiencia del proceso será función de la claridad y precisión del marco referencial o contexto, que guía a dicho proceso.

Por tanto, detrás de toda cadena de procesos hay un marco contextual o estructura que guía dichos procesos, desde los procesos simples de moverse de un punto a otro, a la cadena de procesos hacia resultados en toda organización, ya sea de productos o de servicios.

El sentido de cualquier proceso, simple o complejo, lo determina un marco contextual. La siguiente ilustración muestra esta relación entre el contexto, representado por el marco rectangular simbolizado por la letra **M**, y el contenido en proceso, simbolizado por la letra **q** y representado por círculos en una línea secuencial **P1- P2- P3**- hacia el resultado **R**.

Contexto M

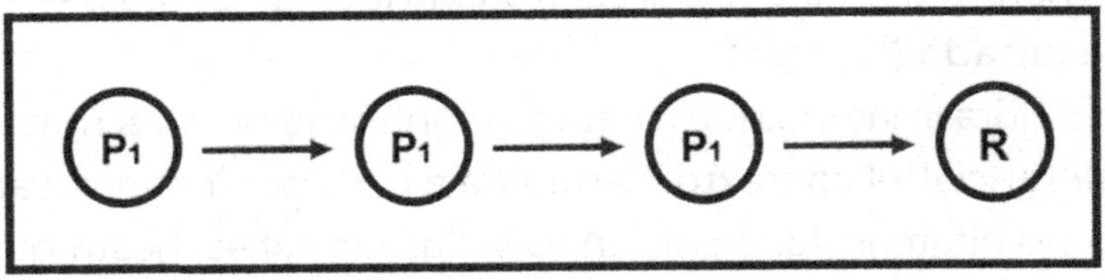

Contenido en Proceso

El marco (estructura) es el que le dará el sentido al proceso, si no hay marco, el proceso no tiene sentido y se moverá por instinto. Si el contexto es ambiguo e impreciso, el proceso se moverá de una forma ineficiente y errática. Si por el contrario, el contexto es claro y preciso, el proceso será eficiente, fluido y cualitativo. Es decir que la calidad de un proceso es función directa de la claridad y precisión del marco contextual que lo guía.

Contexto y estructura son sinónimos, definiendo a ésta como el marco contextual que determina el sentido orden y distribución de los contenidos dentro de dicho marco.

Llegando a la Formula (E- P- R)

Estructura (Contexto) → Procesos → Resultados

Partiendo del modelo japonés de alta calidad, descubro la ecuación completa para la transformación cualitativa organizacional, la cual posibilita conducir a una organización a una condición de orden y eficiencia matemáticamente no superable. Al decir matemático, queremos decir infinitesimal y esa posibilidad de ajuste cualitativo la da el modelo.

La demostración matemática se despliega en el capítulo Ciencia de la Calidad, aclarando que no es necesario, con fines prácticos, comprenderla, solo es una fundamentación científica del fenómeno llamado calidad.

Como lo hemos descrito, es una aproximación científica, por lo que siempre funcionará si se aplica la ecuación completa; si hay congruencia con los principios enunciados, se dará la mejora continua y el desarrollo en toda organización que los utilice.

El modelo proporciona una visión sistémica de la organización que lo aplica, dando un orden a cada aspecto de su dinámica, formando un conjunto claro, preciso, integrado, congruente y poderoso. No hay aspecto de dicha dinámica que no tenga un lugar preciso, coordinado y fluido, dentro del modelo aplicado a una empresa dada.

- (E - P- R) En la integración de los valores organizacionales.
- (E - P- R) En la eficiente gestión.
- (E - P- R) En la cadena de procesos para la satisfacción del cliente.
- (E - P- R) En la mejora continua y el Desarrollo Organizacional.
- (E - P- R) En el diseño de una la cultura organizacional propia.
- (E - P- R) En la comunicación efectiva.
- (E - P- R) En la cultura de 0 cortes (incumplimientos).
- (E - P- R) En la innovación del producto.
- (E - P- R) En la transformación de problemas en mejora continua.

- (E - P- R) En el ordenamiento, matemáticamente no superable.
- (E - P- R) En la eficiencia en mejora continua.
- (E - P- R) En la dirección efectiva de subordinados.
- (E - P- R) En relación al recurso Humano.
- (E - P- R) En la integración e innovación tecnológica.
- (E - P- R) En el mantenimiento – mejoramiento de las instalaciones.
-
- (E - P- R) En la calidad productividad y eficiencia.
- (E - P- R) En la estandarización de la calidad.
- (E - P- R) En la regeneración del medio ambiente.
- (E - P- R) En las Finanzas.
- (E - P- R) En la mecánica efectiva de las reuniones.
- (E - P- R) En las ventas.
- (E - P- R) Ordenador, integrador de Sistemas.
- (E – P – R) **En la realización de Proyectos (gestión de Proyectos)**

Cada uno de los puntos anteriormente enunciados, pueden generar un texto como el presente, formando la **biblioteca** para la transformación cualitativa de toda organización.

Axiomas del MTCO (E- P- R)

La calidad, productividad y eficiencia de toda organización es función directa del grado de ajuste entre estructura, procesos y resultados.

La calidad de una estructura es función del flujo entre sus partes.

La calidad y eficiencia de los procesos son función directa de la calidad de la estructura.

La capacidad estable y puntual, de cumplir con sus objetivos cualitativos y cuantitativos o resultados, en toda organización, es función de la calidad y eficiencia de los procesos.

El desarrollo estable de toda organización debe contemplar la mejora continua en: Estructura, Procesos y Resultados. Que crean, en un siguiente ciclo, mejora en estructura, procesos, resultados y así sucesivamente, generando una espiral logarítmica de desarrollo (ciclo Estructura- Procesos- Resultados).

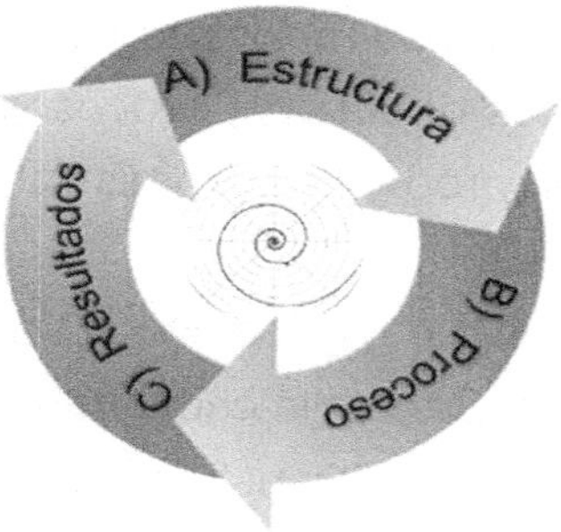

IV. Aplicando el E-P-R

Fase 1 E) Estructura
Orden y Transformación Estructural

Dada una empresa por transformar cualitativamente, el primer paso consistirá en habilitarse a distinguir los tres estratos funcionales en que opera dicha organización.

Distinguir los tres estratos operando, diferenciar, que esa empresa busca resultados por medio de una serie de procesos, procesos directivos, procesos de gestión, procesos operativos, procesos administrativos, procesos de mantenimiento, etc.

Detrás de todos ellos habrá una estructura que oriente a dichos procesos. Esta es la causa raíz, por tanto es donde debe de comenzar la transformación cualitativa.

Esta fase a su vez comprende dos partes:

1. Orden Estructural
2. Transformación Estructural

Orden Estructural

La primera parte de la fase **E** consiste en ordenar todos y cada uno de los fragmentos que comprende la estructura de la empresa, partiendo, como base, de la estructura tradicional que está compuesta por dos ejes, uno horizontal y otro vertical.

Para lograr lo anterior se convoca a los directivos de la compañía por transformar, para cuestionar y recopilar toda la información que tengan acerca de la estructura.

Al comenzar esta iniciativa, lo primero que muestran generalmente es el organigrama de la organización, que toman como la estructura de la empresa. Organigrama que fue ideado por Taylor y Fayol hace aproximadamente 100 años, en Estados Unidos. El cual consiste en una línea horizontal donde se montan cuadros que representan los puestos, quién hace qué, y una línea vertical que representa la jerarquía polinivelada, quién dirige a quién.

Definiendo a estructura como el marco contextual que determina el sentido, orden y distribución de los contenidos dentro de dicho marco, aquello que da un sentido claro y preciso a todo lo que está dentro de sus límites. La estructura llamada Organigrama, de Taylor y Fayol, no alcanza a ser una estructura, es un esquema jerárquico y de distribución de puestos de trabajo; sin embargo nos sirve como base para ir ordenando, completando, articulando, armando, con la finalidad de lograr una verdadera estructura de la organización.

El proceso no es fácil, pues existe una confusión generalizada en cuanto a lo que es una estructura y cómo se enlaza a los procesos. No existe una clara formación de la relación contexto o estructura y proceso.

Lógica a seguir en el ordenamiento estructural

El ordenamiento estructural debe seguir la lógica de las estructuras desarrollables, de los sistemas desarrollables, de otra forma no tendemos una estructura congruente con la mejora continua, sino solo un mecanismo lineal, unidireccionalmente causal.

Para seguir esta lógica, debemos formar unidades estructurales y funcionales. Ahora bien, una unidad estructural y funcional es un conjunto completo funcionalmente, es, como una micro organización total y unitaria, que a su vez es unidad con respecto a sí misma y parte de una unidad mayor.

Es decir, lo que debemos de evitar es construir una estructura uniendo fragmentos, pues daría como resultado una estructura discontinua y no apta para el desarrollo, diluyendo un porcentaje del capital invertido, humano, tecnológico y financiero.

Debemos, por el contrario, construir una estructura, formando y uniendo las unidades, de tal forma que, como lo hemos mencionado, una unidad menor es unidad con respecto a sí misma y parte con respecto a un conjunto mayor.

El concepto de Holon

En términos de Arthur Koestler, un holon (todo unitario) es unidad con respecto a sí misma y parte con respecto a una unidad mayor. Un átomo es un holon (unidad), y parte con respecto a una unidad mayor (molécula). Cada sistema se puede considerar como un holon, desde una partícula subatómica hasta el sistema solar o la galaxia.

El universo así está estructurado. Cuando rompemos este orden, formamos estructuras lineales, no desarrollables, o difícilmente desarrollables.

La diferencia de funcionalidad es similar a la del cuadrado y el círculo, en el fenómeno de procesar movimiento. Unas llantas cuadradas, con mucha potencia, pueden andar, pero con desgaste e ineficiencia en relación a unas llantas redondas, que procesan movimiento con fluidez y eficiencia. Cuanto más aumente el número de puntos equidistantes al centro, en este ejemplo la rueda (cuadrada, hexagonal, octogonal, etc.), cuanto mayor el flujo por tanto de la eficiencia.

La información de un holon fluye bidireccionalmente entre unidades o sistemas menores y mayores. Cuando este flujo de información bidireccional no es congruente (marcos cruzados), el sistema tiende a descoordinarse, a degradarse.

Esta es la lógica de ordenamiento estructural, en otros términos la podemos ver en todo organismo que se desarrolla en la línea del tiempo. El cuerpo humano, por ejemplo, es una totalidad estructural y funcional, compuesta por unidades estructurales y funcionales menores (sistema nervioso, sistema circulatorio, sistema glandular, sistema óseo, sistema digestivo), que son unidad con respecto a sí mismas y parte con respecto a una unidad mayor, el organismo completo.

Siguiendo el ejemplo con el sistema digestivo, que como hemos mencionado es unidad con respecto a si misma y parte con respecto a una unidad mayor, a su vez está compuesto por unidades menores: esófago, estómago, intestinos, hígado, etc.

El estómago es una unidad estructural y funcional con respecto a sí misma y parte con respecto a una unidad mayor, el sistema digestivo completo. Si se separa a un estómago del sistema digestivo, del cual forma parte, éste sigue funcionando como unidad, secretando y digiriendo, al recibir substancia para efectuar la digestión, a pesar de que se ha cortado del sistema mayor al que pertenece. Funciona como unidad, como totalidad.

Así sucesivamente por estratos, hasta llegar a la célula, que es la menor unidad estructural y funcional. Y como lo ha comprobado la ciencia, ésta tiene toda la información del organismo completo, tanto así que con base en la información de la célula, se puede desa-rrollar un clon completo del organismo al que pertenece

Siguiendo esta lógica, unidad con respecto a sí misma y parte con respecto a una unidad mayor, formando un todo funcional en desarrollo, las organizaciones que busquen el desarrollo estable deben seguir la lógica anteriormente descrita en su ordenamiento estructural, para optimizar de esta manera el recurso invertido, tanto del potencial humano como el tecnológico y el financiero.

Ejemplo aplicado:

Ahora, ordenemos estructuralmente una organización de acuerdo a la lógica anterior, es decir, no habrá fragmentos, pues un fragmento no es desarrollable. Ni unidades compuestas por fragmentos, sino por el contrario, unidades estructurales y funcionales en cada nivel, que a su vez son parte de una unidad mayor.

Tomemos de práctica un ejemplo simple: una organización compuesta por 4 departamentos, cada departamento a su vez compuesto por cuatro oficinas, finalmente cada oficina contiene 4 puestos de trabajo.

Utilizando inicialmente la estructura tradicional de cuadros y líneas, nos da lo mostrado en la siguiente ilustración:

Esquemáticamente:

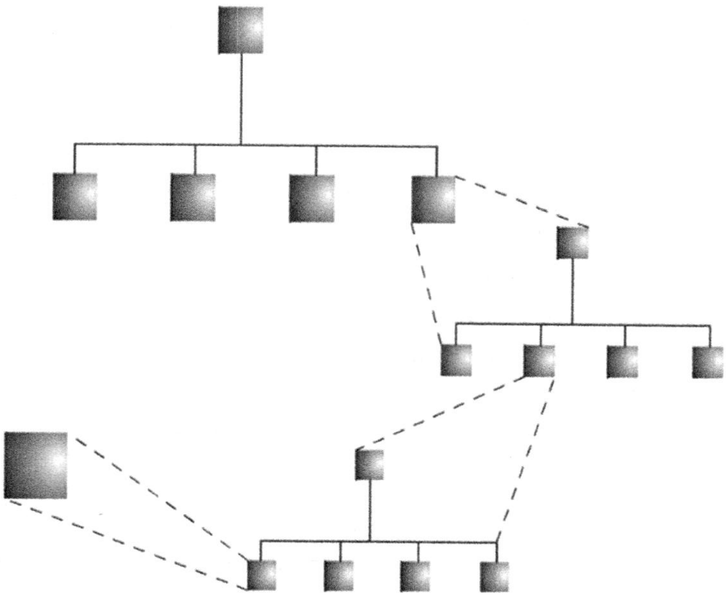

Vamos a llamar a nuestra organización ficticia Electric Cars, fábrica de componentes eléctricos, para autos eléctricos.

Electric Cars, en su estructura completa partiendo del primer nivel, estará formada por una misión–visión, y la estructura compuesta en su línea vertical, por la dirección, y en la línea horizontal, por los cuatro departamentos mencionados: departamento administrativo, departamento de producción, departamento de mercadotécnica y departamento de ventas.

Cada departamento, en este ejemplo simple, estaría compuesto a su vez por cuatro oficinas, y cada oficina, por cuatro puestos de trabajo.

La misión de la empresa es el contexto global, esta debe de formularse como tal, no como una retórica política disociada de la estructura orgánica. Por el contrario constituye el marco estructural global. En otros términos, la misión es el marco contextual que determina el orden y distribución de los cuadros en la línea horizontal y vertical de ésta.

En el anterior ejemplo, la misión de Electric Cars sería la de diseñar y producir componentes para carros eléctricos, de alta calidad, logrando la mejora continua de **E-P-R** (Estructura –Procesos – Resultados).

El siguiente paso será el determinar la misión de cada uno de los departamentos, cada departamento debe de tener una misión, determinada a su vez por el marco mayor, es decir por la misión de la organización como totalidad. En otras palabras, como si cada departamento fuera una empresa completa en sí, esto es, unidad con respecto a si misma, con su misión, visión y objetivos, que a su vez es parte con respecto a una unidad mayor.

En otros términos, ¿cuál será la misión del departamento administrativo, derivada de la misión global de la organización? ¿De qué manera el departamento contribuirá a realizar la misión global?

Ejemplo:

La misión del departamento de producción es implementar la mejora continua en **E-P-R** (Estructura–Procesos –Resultados) en la cadena de procesos de producción, en función de la misión de la organización como totalidad.

La misión del departamento de mercadotecnia es implementar la mejora continua en **E-P-R** en los procesos de promoción, en función de la misión de la organización como totalidad.

La misión del departamento de ventas es implementar la mejora continua en **E-P-R** en los proceso de venta, en función de la misión de la organización como totalidad.

La misión del departamento administrativo es implementar la mejora continua en **E-P-R** en los procesos administrativos, en función de la misión de la organización como totalidad.

A su vez, como cada apartamento, en este ejemplo, está compuesto por oficinas, siguiendo la lógica de formar unidades estructurales y funcionales, cada oficina debe de tener su misión, así como cada puesto de trabajo.

Ejemplo:

- La misión de la oficina de contabilidad del departamento administrativo es implementar la mejora continua en **E-P-R** en la oficina como unidad y en congruencia con la misión del departamento al que pertenece.

- La misión del puesto de trabajo Ignacio Martínez Zarate es implementar la mejora continua en **E-P-R** en su puesto de trabajo, contribuyendo a la misión de su oficina.

Estructuras contextuales

Contexto determina sentido del contenido. El marco 1 representa el contexto global o misión global de la organización, determinando el sentido orden y distribución de los contenidos dentro de él.

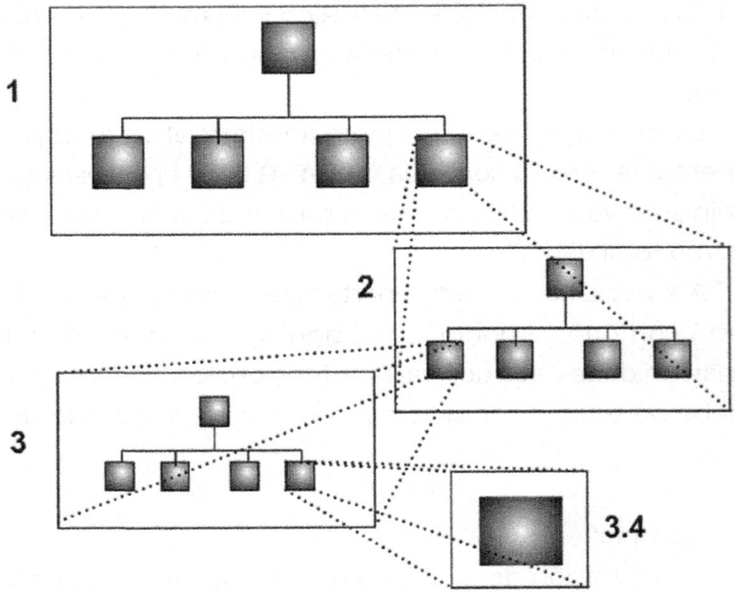

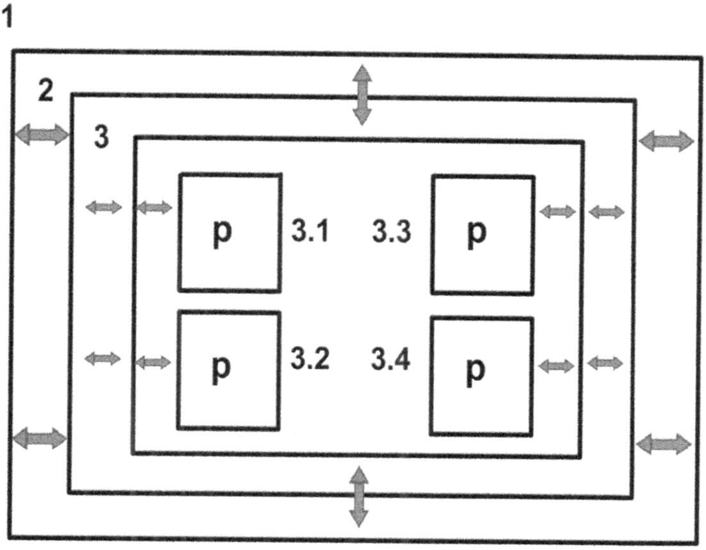

El marco 2 es contexto para lo que está dentro y contenido para el marco global anterior, estructuralmente representa la misión del departamento, dicha misión es expresión particular de la anterior o sea de la misión de la empresa.

El marco 3 representa a la misión de la oficina, y los marcos 3.1, 3.2, 3.3 y 3.4 la misión de cada puesto dentro de la oficina, o sea el sentido exacto del propósito de cada puesto de trabajo.

Dentro de cada marco menor, que simboliza la misión del puesto, se encuentra la letra **p** que a su vez representa los procesos por medio de los cuales cada puesto de trabajo cumple con su misión, por tanto **p** constituye la estructura de procesos o estructura funcional del puesto. Los cuales ordenaremos en la fase **P** (Procesos):

Investigando las estructuras de las organizaciones a nivel internacional, descubro que casi todas, prácticamente todas, tienen formulada su misión y su visión, sin embargo, no hemos encontrado ninguna que ligue la misión de la empresa y su proyección a futuro (visión) con las personas, que son quienes mueven el engranaje de la organización por medio de una estructura que conecte el todo con la parte, como se ilustra en el esquema contextual.

Al investigar, cuestionando al personal de todas las empresas, ellos/as se expresan como si la misión fuera de la alta jerarquía y que nada tiene que ver con sus puesto de trabajo, curiosamente los jefes sienten que son los trabajadores quienes llevaran a la empresa hacia la realización de la visión. En otras palabras, se da una condición de que la misión–visión de la empresa es de **todos y es de nadie.**

Esto es resultado de formar una estructura organizacional incompleta, lineal, unidireccionalmente causal, que no conecta a la persona con la misión–visión de la empresa.

Al formar unidades estructurales y funcionales, todo estará en flujo y conexión, existiendo una estructura que conecta al puesto de trabajo con la misión de la oficina a que pertenece, la misión de la oficina, con la del departamento y el departamento con la de la organización como totalidad.

De tal forma que la misión del puesto de trabajo esté conectada estructuralmente a la misión–visión y objetivos de la empresa.

Transformación Estructural

Estructura Elíptica y el Software ElipXo

La Fase 1 E) Orden y Transformación Estructural consiste en el ordenamiento de la estructura tradicional, formado unidades estructurales y funcionales, es decir conformando una estructura completa, clara, precisa y funcional. En este punto, el empresario puede optar, o no, por la transformación, tras, forma, cambio de forma.

Si opta por **no** transformar, puede aplicar los principios **E-P-R** y le funcionarán puntualmente, induciendo mejora continua a su empresa. Es decir, un empresario más tradicionalista puede omitir la transformación y seguir todos los demás lineamientos del presente texto.

Sin embargo, la transformación conduciría a la organización a un nuevo paradigma de flujo y funcionalidad eminentemente cualitativos.

Transformacion Estructural

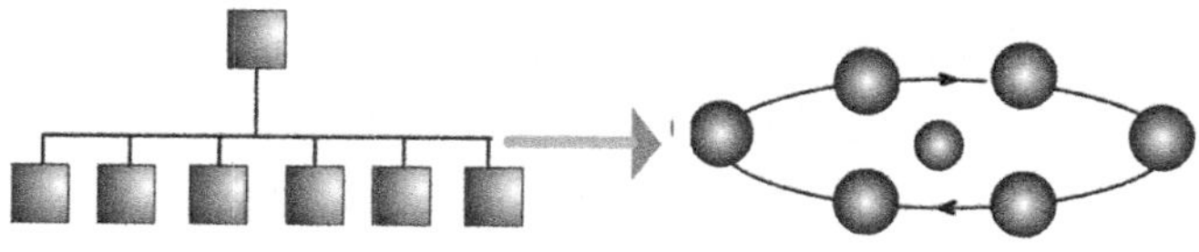

- **Estatico Unidireccional**
- **Descontinuo**
- **No fluye**
- **No fluye**
- **Diluye , parcialmente, el potencial tencologico , humano y financiero**

- **Flujo y Conexion**
- **Continuidad**
- **Optimiza el potencial**
- **Mejora continua Desarrollo**

¿Qué es la Estructura Elíptica–Orbital?

La estructura Elíptica-Orbital no es más que el proceso evolutivo de la estructura tradicional llamada organigrama, compuesta por líneas y cuadros, llegando a una fórmula óptima para el flujo, la continuidad, la estabilidad, por tanto, para la calidad, productividad y eficiencia organizacional.

Es orbital porque forma órbitas de desarrollo, que son unidad con respecto a sí mismas y parte con respecto a unidad mayor, creando un todo, en mejora continua y desarrollo.

La calidad de una estructura es función del flujo entre sus partes. La naturaleza busca formas estructurales óptimas para el flujo, la estabilidad y el desarrollo. Es por ello que los planetas son esféricos y giran en órbitas elípticas, por ser las formas de menor resistencia mecánica. Existe una ciencia que lo explica, sin embargo, el directivo, el empresario, puede simplemente comprobarlo de una manera directa y práctica sin necesidad de tener que comprender la ciencia implícita.

Comprobar que de pronto su organización comienza a fluir de una manera más estable y regular, que las cosas se vuelven más integradas, conexas, congruentes; que los objetivos se dan con mayor facilidad y continuidad, sintiendo y verificando que tiene una verdadera estructura, que se mueve armoniosamente en el sentido de su visión, pues ha adoptado una estructura, que naturalmente optimiza el recurso.

El software ElipXo

El Software ElipXo es un programa cuyo propósito es transformar a la estructura tradicional compuesta por cuadros y líneas, en una estructura orbital, formando unidades estructurales y funcionales, en flujo y conexión elípticos.

El software es para la empresa lo que es un sistema operativo a toda computadora, articula, coordina, integra todas y cada una de las partes con el usuario. El Software transforma una organización de complicada a compleja, fluida, funcional.

Partiendo de la información contenida en la estructura tradicional, llamada organigrama, al cargar la base de datos del Software con dicha información, ya ordenada y completa, de acuerdo a los principios enunciados en la primera parte de la presente fase, el software genera su equivalente elíptico.

El software ElipXo genera un sistema articulado de unidades en función de flujo entre sus partes, la calidad de una estructura es función del flujo entres sus partes. La esencia de la eficiencia es el factor flujo.

El diseño de la base de datos parte de la ciencia del desarrollo organizacional, de tal forma que el equivalente elíptico del organigrama cargado a la base de datos, genera una estructura de flujo que representa la estructura óptima a la misión, visión y objetivos de una organización dada.

El software Elipxo, al instalarse en el servidor de la organización en turno, establece la columna vertebral y sistema nervioso central ordenador y articulador de la mejora continua cualitativa y cuantitativa.

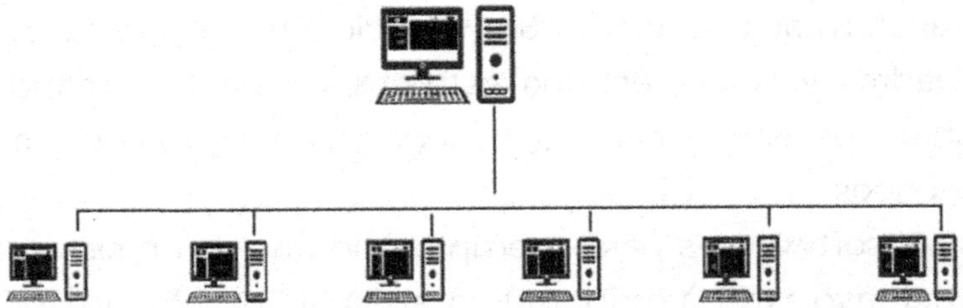

Ergonomía cuántica del software ElipXo

La ergonomía es la metodología científica cuyo propósito es comprender y ajustar la relación entre seres humanos y los elementos de un sistema, optimizando la eficiencia, al propio tiempo que se incrementa el bienestar humano.

Por un momento, al escribir esto, dudo en utilizar el término cuántico por la vulgarización en que ha caído. Se utiliza cuántico como para decir moderno o actual, lo cual es acertado, sin embargo, es importante utilizar los términos en el sentido exacto de su significación y transfondo filosófico y científico. Diversas escuelas de carácter esotérico utilizan el término, con la intención de sustentar teorías de otra índole, formando una mezcla sin valor científico.

Aclaremos un poco el término. La cuántica es parte de la física, específicamente de la fisica moderna. La física se divide en física clásica y la física moderna. La física clásica observa a la realidad como independiente del observador, los fenómenos mecánicos no incluyen el efecto que el observador induce en lo observado.

El escenario es el espacio y el tiempo, y los actores son la materia y la energía, el guion son las leyes que determinan su comportamiento. En la física clásica el comportamiento de los actores no se altera, por efecto de la manera en que el observador observa y el marco a través del cual observa.

Sin embargo, la física cuántica tiene que incluir el efecto del observador en lo observado, y el marco contextual a través del cual observa, de otra manera la ecuación no está completa.

Por ejemplo: el principio de indeterminación de Heisenberg comprueba la relación observador observado, es decir, si a un electrón se le pide su posición y velocidad, como ocurre en el mundo de la física clásica, el electrón te da velocidad; cuando le pides velocidad, se desvanece la posición, si le pides posición se desvanece la velocidad y concreta posición, a lo que le decimos al átomo, dame las dos, posición y velocidad, como en física clásica, respondiendo, no, te daré lo que me pidas en función del marco a través del cual me observes.

Por lo que si nos aproximamos de una manera científica a la relación entre el observador y observado, tenemos que hablar de cuántica, siendo el propósito de la ergonomía el ajustar al ser humano (observador) con el sistema que utiliza (observado), por lo que el término exacto es **Ergonomia cuántica.**

La relación observador observado

La lógica dialéctica es la lógica del juego de los opuestos, es decir, con la comprensión de la unidad de los opuestos complementarios, en un movimiento dado, nace la reflexión dialéctica. Si quiero comprender la expansión debo incluir a su opuesto, la contracción; si quiero comprender a la suma debo de comprender a la resta, la multiplicación de la división, etc. Ahora bien, son una unidad funcional, es decir no solo son una sola cosa de dos caras, sino que el uno tiene relación funcional con el otro.

En otras palabras, hay un juego de ping-pong entre los dos lados, existiendo una reacción funcional bilateral.

- La exhalación lleva a la inhalación
- La expansión a la contracción
- Lo subjetivo a lo objetivo
- El observador a lo observado

El sistema educativo no ha incluido a esta lógica, por lo que se da un analfabetismo dialéctico contextual, y por tanto estructural. Viendo una separación entre los opuestos, lo cual nos lleva a cometer tonterías dialécticas, como el fomentar un lado esperando que no se fomente el otro.

Por ejemplo, toda postura refuerza a la contrapostura, toda acción en contra de X refuerza a X. Porque posición y oposición son una unidad dialéctica funcional, el fomentar un lado fomenta al otro.

A toda acción hay una reacción igual y de sentido opuesto que relaciona a los opuestos complementarios;

si insulto me contra insultan, si hago un regalo, el otro tendrá la inclinación de corresponder.

Por ejemplo: la unidad dialéctica subjetivo-objetivo está disociada en la óptica y lógica que se adquiere normalmente en la academia actual, cuando son una sola cosa, como las caras de una mano.

Sin embargo, no relacionamos subjetivo con objetivo, pensamos que la actividad subjetiva no tiene nada que ver con la objetiva, por lo que no habrá efecto alguno en lo objetivo.

Por ejemplo, si subjetivamente piensas mal de tu vecino y objetivamente eres amable y le dices palabras corteses, transmites a esta persona un cruce, algo así como te odio, te quiero, entra pero sal de aquí, lo cual generará en él o ella sentimiento de ambivalencia, por tanto de desconfianza.

Tenemos dos hemisferios cerebrales, derecho e izquierdo. El hemisferio derecho se especializa en totalidades, conjuntos contextos; es un hemisferio que percibe de una forma directa, sin análisis ni explicaciones, solo sabe, siente, que es así. El hemisferio izquierdo del cerebro se especializa en partes, es lógico, analítico, es verbal, maneja el código lingüístico y se convence por o con palabras.

Observador – Observado en el Software ElipXo

El observar la estructura elíptica del S ElipXo induce flujo en el observador y en lo observado, un efecto de flujo en bruto, al decir en bruto quiero decir que se induce flujo por el flujo mismo, sin sentido alguno. Por el solo hecho de observar el flujo del Software ElipXo, o sea las esferas fluyendo en torno a centros, el observador sentirá flujo y coordinación cerebral interhemisférica, puesto que induce coordinación entre el hemisferio derecho e izquierdo del cerebro. Como el derecho maneja contextos y los izquierdos partes o contenidos, al fluir partes y totalidades, se induce un efecto estructural de flujo en la estructura.

El efecto cuántico del S Elipxo, en lo observado, es lo más difícil de comprender por tanto de aceptar por el empresario tradicional, cuya óptica y lógica obedece a la física del siglo XIX, es decir nada tiene que ver el observador en lo que observa.

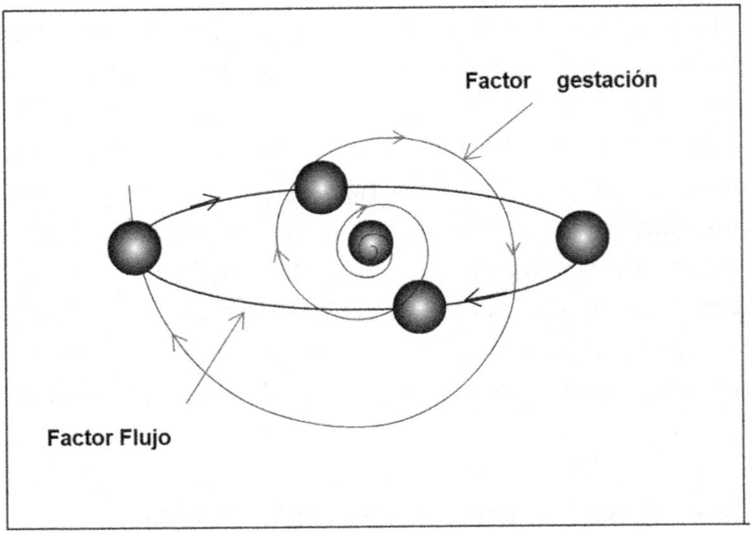

En la ilustración se muestra la estructura elíptica que gira en el sentido de las manecillas del reloj, al observar esto, genera flujo por el hecho de observar (factor flujo).

- Contexto determina sentido del contenido
- Contenido en proceso sin contexto, contenido sin sentido
- Contexto claro y comprometido, proceso gestando la realización de dicho contexto
- Por tanto, flujo sin contexto es flujo por el flujo mismo sin sentido

Ahora bien si el marco contextual tiene un propósito, el contenido en proceso al fluir (factor flujo), comenzará a activar el factor gestación, lo que a su vez, generará gradualmente una espiral logarítmica, que realizará poco a poco, si se mantiene el factor flujo anterior, la realización del propósito del marco contextual, que debe de estar en una condición de cerrado por declaración (ver Lógica contextual, contextos abiertos y cerrados).

Espiral logarítmica

La espiral logarítmica es la curva natural del crecimiento, lo podemos observar desde la escala macro, en la formación de una galaxia, a la escala micro como el ADN. Aparece en conchas marinas, plantas; mire fijamente a una flor y comenzará a distinguir un patrón de curvas logarítmicas que se entrecruzan.

Este patrón elegante que se entrecruza lleva el nombre de Phyllotaxis y contiene un proceso matemático que es también encantador. La razón del por qué aparece en la naturaleza esta espiral en el proceso de desarrollo, es que es el resultado de esquemas muy simples y fluidos (principio de flujo) de crecimiento. Por ejemplo: crece 1 unidad, dobla una unidad, crece 2 unidades dobla una unidad, crece 4 unidades, dobla una unidad y así sucesivamente:

Cualquier movimiento que doble o refuerza a un ritmo constante, crezca con continuidad, generará una espiral logarítmica. Se le puede calificar como la curva del desarrollo, encontrándolo en caracoles, telas de araña, disposiciones de semillas, flores, estructuras de proteínas, etc.

El matemático suizo Jakob Bernoulli, quien dedicó un libro completo al estudio de esta curva, la llamó Espira mirabillis, que se traduce como la espiral maravillosa. Bernoulli escogió esta curva como emblema para su tumba, con el epitafio mutante y permanente: Vuelvo a resurgir siendo el mismo.

El principio sistémico es el siguiente:

Partiendo de la lógica contextual dado un contexto, si dicho contexto recibe una fuerza centrípeta, continua, formará gradualmente una espiral logarítmica de gestación, en el sentido del marco o contexto. Si el contexto es galáctico, se generará una galaxia; si es climático –atmosférico, podría generar un tornado; si es botánico, una de tantas formas logarítmicas que se observan en la naturaleza.

Realice el siguiente experimento:

Tome un recipiente circular, una cubeta por ejemplo y llénela de agua, esparza en el agua partículas flotantes de viruta o hojarasca triturada. Luego, introduzca en el centro de la cubeta un madero, acto seguido hágalo girar continuamente en un sentido, el agua comenzará a formar un remolino, cuya curva será logarítmica y ésta irá gradualmente organizando a las partículas, tomando todas y cada una de las partículas, el sentido de esta curva. El anterior es un ejemplo simple de gestación, de desarrollo.

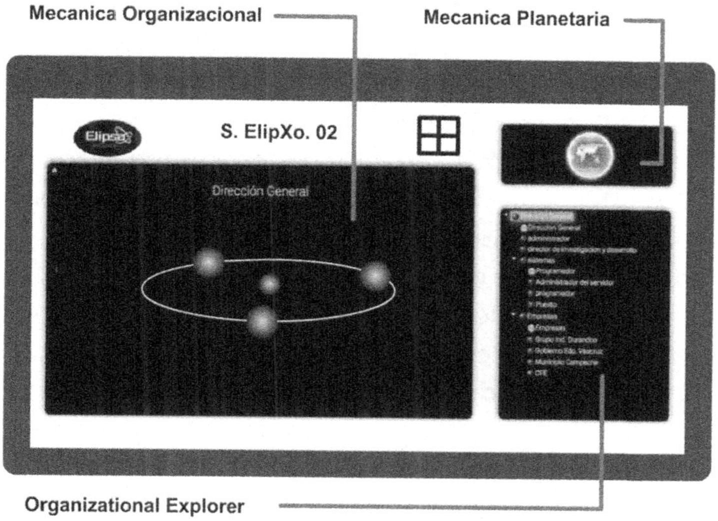

El software ElipXo es a toda organización, lo que un sistema operativo es a toda computadora

El S.ElipXo es el software del **MTCO** (Modelo para la Transformación Cualitativa Organizacional) diseñado con base en los principios **E-P-R**, por lo que el software crea en cada fase lo siguiente:

En E) Estructura. La estructura óptima para el desarrollo. La estructura óptima para la realización de la misión, visión y objetivos de toda empresa. Establece una estructura eminentemente cualitativa, definiendo a la calidad de una estructura como función del flujo entre sus partes. Una estructura que no fluye, aunque sea lógicamente razonable, es disfuncional. La estructura elíptica del software ElipXo, transforma la visión fragmentada y complicada de la empresa en turno, en una sistémica coordinada, donde todo (persona, procesos, hardware, software, etc.) tiene una conexión y un orden.

En P) Proceso. Un ordenamiento de procesos, de todos y cada uno de los miembros de la organización, lo cual posibilita su mejora continua. Llevando un control estadístico del proceso eje, conduciéndola a una condición de 0 cortes. Formando estructuras de procesos que conectan a todos los sistemas **ERP**, condición fundamental para la mejora cualitativa continua de procesos.

En R) Resultados. Lleva un control estadístico de la trayectoria del desarrollo de la organización, por medio del cumplimiento de objetivos cualitativos y cuantitativos, mediante reuniones de desarrollo, en cada órbita, coordinadas por el software.

El Software ElipXo es la estructura organizacional del presente milenio.

La intención de Elipxo Internacional es crear laboratorios para el desarrollo de Software ElipXo, en diferentes zonas geográficas del planeta.

Se han producido dos versiones y siguen el sentido de la curva de flujo y eficiencia matemáticamente no superable. Invitamos a todo empresario interesado a compartir esta tecnología, a abrir un laboratorio de la serie Elipxo en su punto geográfico. La otra opción es contactar a Elipxo y guiaremos paso a paso a su empresa en la construcción e instalación del **Software ElipXo**

Fase 2 P) Procesos
Orden Cualitativo de Procesos

Introducción

Siguiendo la línea causal de los principios para la transformación cualitativa de una organización, una vez ordenada la estructura **(Fase E),** se procede al orden de los procesos **(Fase P).**

El propósito de esta fase es la de ordenar todos y cada uno de los procesos asignados a puestos específicos, convirtiendo lo complicado en complejo y lo complejo en sus elementos simples constitutivos, lo cual constituye la esencia de la evolución cualitativa de un proceso.

Es fundamental que el lector en este punto haga un alto y pase a la sección Complementos Teóricos (capítulo Todo es Simple y complejo mas no complicado). Lea y relea dicho capitulo con la finalidad de comprender y distinguir, con claridad y precisión, lo simple, lo complejo y lo complicado, pues se tiende a confundir estos tres estados de las cosas entre sí.

En la mayoría de las organizaciones existe una condición de obviedad complicada, es decir, se supone que ya todos saben qué procesos son responsabilidad de cada puesto, sin embargo, no se sabe que no se sabe (consultar glosario) que están en estado complicado, es decir, hay un enredo, no hay un orden impecable de procesos para cada puesto, habiendo vacíos, procesos que se supone que alguien los tiene como parte de sus responsabilidades.

Encontrando también procesos duplicados que se interfieren mutuamente o simplemente, desorden de procesos que dificultan o imposibilitan su mejora cualitativa. Hay procesos, en puestos específicos, que requieren de un manual de procedimientos paso a paso, otros procesos requieren o utilizan sistemas **ERP** para mejorar dicho proceso.

La condición más generalizada es aquella donde los manuales están en desorden y no ligados a procesos específicos en puestos específicos. Lo mismo ocurre con los sistemas **ERP**, la empresa compra el software con la intención de mejorar los procesos y al mejorar los procesos mejorar los resultados, sin embargo, como lo hemos descrito en la introducción del presente texto, materia prima revuelta se convierte en basura y, a la inversa, basura ordenada, se convierte en materia prima. Dichos sistemas son excelentes pero si entran en una organización con una estructura incompleta y un desorden, una complicación de procesos, estas tecnolo- gías lejos de apoyar mejorando los procesos, interfieren con el flujo de estos.

Muchos procesos están relacionados a los equipos por medio de los cuales se mueve la mecánica de producción, dichos aparatos requieren manuales de procedimientos, lo que generalmente encontramos es que solo hay 30% de manuales en relación a los equipos existentes, por lo que muchos procesos de mantenimiento de equipos se dan por tradición, empíricamente, sin posibilidad de mejora, y con mucho tiempo y alto costo.

La confusión inicial de los directivos es 'bueno, qué ocurre, tenemos de todo', sí, tienen de todo, afirmamos, pero revuelto, en estado de complicación, por tanto, se auto interfiere. Por lo que procedamos al orden y transformación estructural en la fase **E,** para luego proceder al orden de procesos, donde no habrá nada suelto, nada indefinido, nada en contexto de obviedad, nada en la condición de es de todos por tanto de nadie.

Orden de Procesos

La fase **E** anterior es como la obra negra estructural, es el molde, para luego, en la presente fase, ordenar a los procesos de cada puesto de trabajo en la organización. El puesto constituye, dentro del sistema organizacional, la menor unidad estructural y funcional. Es el holon menor que estudiamos en la fase preliminar, que es unidad con respecto a sí mismo y parte con respecto a una unidad inmediata superior (oficina o departamento).

La fase **P (Procesos)** embona con la anterior y consiste en formar un orden de procesos, fluido, por tanto funcional y eficiente. Son los procesos, los que mueven el engranaje de la empresa. La transformación cualitativa de estos comienza ordenando secuencialmente los procesos en cada puesto de trabajo. Una disposición tal que forme un todo articulado. Ordenando también todos los manuales y sistemas ERP que apoyan a cada proceso de cada puesto.

Estructura funcional de la unidad menor o puesto de trabajo

La menor unidad estructural y funcional, la célula, en una organización, o sea el puesto de trabajo, debe estar diseñado con los siguientes elementos:

- Misión del puesto
- Procesos por medio de los cuales cumple con dicha misión. A su vez, como lo hemos mencionado, los procesos se dividen en dos categorías: procesos **X** y procesos **Y.**

Misión del puesto de trabajo

Cada puesto de trabajo debe de formular su misión en congruencia con el marco inmediato superior, o sea que si, por ejemplo, la misión del departamento de producción es la de producir refacciones de calidad, en una cultura de mejora continua de Estructura – Procesos y Resultados, y si el puesto específico es técnico en moldeado de piezas, su misión será la de producir piezas de calidad, en una cultura de mejora continua de Estructura – Procesos – Resultados. Aunque el ejemplo anterior es intencionalmente simple, en la realidad requerirá un poco más de ajuste con la intención de generar una clara y precisa identidad de puesto.

Descripción de los proceso X y los procesos Y

Los procesos X. Son los estabilizadores, representan a la fuerza centrípeta en el sistema organizacional. Los procesos **X** son los mismos en todos los puestos, por el contrario, los procesos **Y** son diferentes en cada puesto. Los procesos **X** son los ejes que articulan a la empresa.

Los procesos Y. Son las responsabilidades de cada puesto, es decir, dada una misión de puesto, enumerar y ordenar de acuerdo a su importancia, los procesos por medio de los cuales cumple con su misión.

Ejemplo:

Puesto: Tesorería

Nombre: Silvia Mendoza Ibáñez

Misión: La misión de la tesorera es la de administrar los fondos de la empresa, para dirigir, coordinar y gestionar los procesos relacionados con los movimientos económicos y flujos monetarios, en una cultura de mejora continua de **E-P-R**

Procesos **X**

- **Px.1** Coordinación lingüística en 0 cortes
- **Px.2** Orden, espacios

Procesos **Y**

- P Y.1) Orden actividades del día
- P Y.2) Procesar un reporte del efectivo disponible diariamente
- P Y.3) Ordenar cheques para pago
- P Y.4) Distinguir el origen de los depósitos bancarios
- P Y.5) Pagar nómina al personal administrativo

- P Y.6) Comprobar que los cheques emitidos estén cobrados
- P Y.7) Controlar y distinguir las diferencias detectadas en bancos
- P Y.8) Efectuar traspasos de saldos a cuentas de inversión
- P Y.9) Procesar un reporte del flujo de efectivo mensual
- P Y.10 Procesar y llevar un control de los gastos de obra
- P Y.11) Llevar un control de efectivo que entra en la organización
- P Y.12) Entrega de las pólizas de cheque semanal.

Relación funcional, Procesos X y Procesos Y

Los procesos X y los procesos Y guardan una relación dialéctica opuesta complementaria. Con la comprensión de la unidad funcional de los opuestos complementarios, surge la deducción dialéctica.

En otros términos, inhalación es el opuesto complementario de la exhalación, contracción de expansión, derecha de izquierda, arriba de abajo, es decir, existe uno en función del otro. Los procesos **X** son centrípetos (hacia el centro) al sistema organizacional, mientras que los procesos **Y** son centrífugos (hacia fuera del sistema).

Todo sistema en movimiento contiene la fuerza centrípeta y la fuerza centrífuga. Siguiendo la fórmula aristotélica de que lo simple es anterior a lo complejo, como lo completo a lo incompleto, comprendamos un modelo simple, para luego, comprender uno complejo, en cuanto a la fuerza centrípeta y a la fuerza centrífuga y a su relación funcional que guarda una en relación a la otra.

Por ejemplo: en el movimiento circular uniforme, donde solo hay un cuerpo en movimiento en torno a un centro, o sea, un cuerpo de masa **m,** moviéndose en un movimiento circular uniforme, la física clásica establece la siguiente ley:

El movimiento circular uniforme es originado por una fuerza dirigida hacia el centro de la circunferencia (centrípeta), y cuyo valor es producto de la masa del cuerpo, por el cuadrado de su velocidad, dividido entre el radio de la circunferencia que recorre.

La siguiente ilustración muestra lo anteriormente mencionado, un cuerpo de masa **m** girando en torno a un centro de radio **R**. Comprobando que la velocidad, la fuerza centrífuga **V,** es causada por la fuerza centrípeta **F**.

$$F = \frac{m.v^2}{R}$$

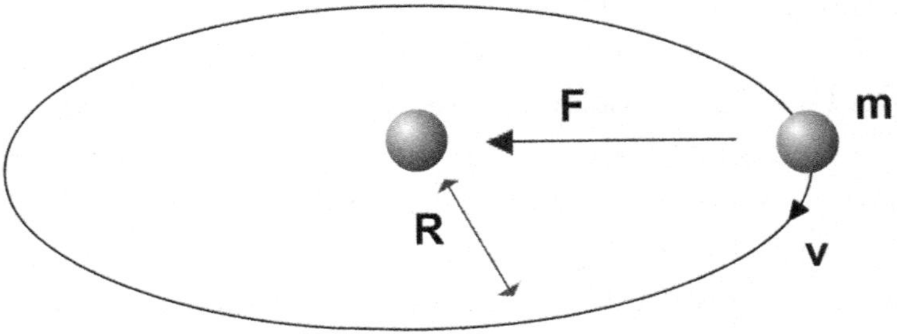

No es necesario comprender la ecuación que simplemente comprueba matemáticamente que la fuerza **F** (centrípeta) es la causa del movimiento del objeto de masa **m,** que gira en torno al centro. O sea, si queremos acelerar el movimiento (fuerza centrífuga) debemos aumentar la fuerza **F** hacia el centro.

Lo anterior es un ejemplo simple de relación entre fuerza centrípeta (Procesos **X)** y fuerza centrífuga (Procesos **Y)** donde la primera es causa de la segunda. Utilicemos una metáfora para ilustrar la fuerza centrípeta de la centrífuga, en otro ejemplo diferente.

Cómo descubrí lo anterior

Intentaré comunicar cómo experimenté la fuerza centrípeta en relación a la centrífuga por vez primera, manejando un auto shadow estándar, en un largo viaje por el sur de la República Mexicana.

Regresábamos de asesorar varias plantas hidroeléctricas de la cuenca del Grijalva, mi novia (que luego se convirtió en mi esposa) y yo. En la trayectoria de dicho viaje, transitamos por el puerto de Veracruz, donde descansamos pasando la noche en un hotel frente al malecón.

A la mañana siguiente, reanudamos nuestro viaje de regreso a Guadalajara, Jalisco, que era donde residíamos en aquel entonces. A la altura de la ciudad de Puebla, de pronto me percaté del olvido de mi portafolio, con todos los documentos, en el hotel.

Mi cabeza comenzó a protestar y yo a joder con conversaciones queja que recibía mi compañera, quien no tuvo más remedio que ser basurero receptor de toda esa inmundicia conversacional que lanzaba a diestra y siniestra, como fuegos artificiales en fiestas patrias. "Ahora a regresar, qué fastidio, como si no tuviera nada que hacer, más gasto de gasolina, dejé papeles importantes, capaz que se perdieron o robaron, además estoy cansado" y bla, bla, traca, traca, traca, cuando en realidad nadie tenía la culpa más que yo.

Me dije: ya, ya, lo que es, es, acepta. Acto seguido, aplicando la metodología de Warner que dice cada problema tiene la posibilidad de convertirse en oportunidad, declaré en mi conversación endógena, abrir la posibilidad.

Entonces, primero procesé las emociones de frustración y coraje, sintiéndolas y dejándolas ser, dándoles espacio. Con lo que abro y consolido la fase de posibilidad a la oportunidad, lo cual transformó mi actitud hacia el proceso de regreso.

No sé cómo ocurrió, pero cuando estaba en la línea de la carretera observando hacia donde habíamos venido,

Veracruz, mirando hacia adelante, que al mismo tiempo era hacia atrás, o sea tiro para adelante sintiendo el impulso hacia el origen.

No recuerdo en qué momento comencé a sentir que al acelerar hacia adelante, sintiendo que el impulso lo generaba una fuerza opuesta cuyo sentido era inverso, producía una sensación de control del proceso del manejar que nunca había experimentado.

Sentía que podía hacer lo que quisiera con el auto, un magnífico control y un gozo único, no antes vivido, en relación al proceso de conducir.

Todo el viaje de regreso a Veracruz fue tan fascinante que no quería llegar, pues me sentía viviendo otra dimensión del manejar y de la velocidad.

Recuerdo que en uno de mis cursos, participó un ecuatoriano que vivía de arriesgar su vida a altas velocidades, como el de patinar a 200 km por hora, o conducir una moto a 250 km hora, haciendo malabarismos con ella. En cierta ocasión me dijo, mira, el secreto es proyectar tu aceleración hacia adelante, sintiendo hacia atrás. Intuitivamente, descubrió que podía dominar, controlar la velocidad al centrarse en la fuerza centrípeta, en relación a la centrífuga.

Posteriormente me invitó a una presentación que haría en el puerto de Acapulco, adonde fuimos en auto desde la ciudad de México. Fue en dicha trayectoria que al pedirle que manejara más lento, pues sentía miedo, casi pánico, que me comenzó a compartir sus descubrimientos antes mencionados.

Otra forma de experimentar, directamente, la fuerza centrípeta y la uerza centrífuga, es por medio de nuestro organismo, nuestro cuerpo tomado como lo que es, un sistema biológico. Este sistema llamado cuerpo humano, al procesar movimiento en el espacio, lo realiza por medio de pasos, utilizando dos piernas, la derecha y la izquierda.

Invito al lector a realizar el siguiente experimento, contemplando a su organismo como un sistema desplazándose, por medio de pasos, hacia un objetivo, un punto 50 metros delante, por ejemplo.

Realice el proceso de dar pasos hacia dicho objetivo, muy, muy lentamente, a medida que salga del movimiento automático y compulsivo y comience a mover las piernas en un movimiento intencionalmente lento, comenzará a hacer distinciones.

Primero distinguirá que un paso está coordinado por dos movimientos opuestos complementarios, la pierna que se proyecta hacia el frente, en pro del objetivo y la pierna que tira hacia atrás, dando estabilidad e impulso a la primera. Así el proceso de dar pasos hacia una meta, está formado por coordinaciones del par de opuestos complementarios. Una pierna se proyecta hacia adelante, hacia el objetivo y otra se retrae hacia atrás.

Sienta lentamente el proceso y distinguirá que la que tira hacia atrás, (centrípeta) le da impulso y estabilidad a la que tira hacia adelante (centrífuga), si explora con mucha minuciosidad y sensibilidad la estructura de un paso, descubrirá que a medida que mejora la calidad el movimiento hacia atrás, se estabiliza el que se proyecta hacia adelante.

En el sistema organizacional, la fuerza centrífuga que va hacia adelante se activa por medio de los procesos **Y** con objetivos cuantitativos, y la fuerza centrípeta son los procesos **X** con objetivos cualitativos.

Por tanto, la estructura de cada puesto debe de contener misión de puesto y procesos por medio de los cuales cumple con dicha misión, estos subdivididos en procesos **X** centrípetos y procesos **Y** centrífugos.

Ordenamiento de los Procesos X

Los procesos **X**, como hemos mencionado, son centrípetos, o sea van hacia el centro del sistema organizacional y comprenden dos subdivisiones:

- **X.1** Coordinación lingüística en 0 cortes
- **X.2** Orden Espacial

Descripción PX.1

El **PX.1** es la coordinación lingüística entre las personas, formando una cultura, por medio de un código de coordinación, e induciendo el objetivo cualitativo centrípeto de 0 cortes. El PX.1 está al principio en la estructura de procesos de cada puesto, pues el lenguaje es el proceso que coordina a todos los demás procesos, es decir, la organización es una red lingüística, si el código lingüístico se detiene, se paraliza toda la organización. Por lo que representa el proceso eje de la empresa.

En la segunda sección de este libro, Complementos Teóricos, se describe puntualmente en qué consiste este código de coordinación, que debe de establecerse en cada departamento, desde la dirección general al último de los puestos. Una vez establecido dicho código en la siguiente fase, donde se inducen objetivos cualitativos y cuantitativos, se establece el objetivo de **0 cortes** en el

PX.1 o coordinación lingüística entre las personas, lo cual inducirá una poderosa fuerza centrípeta estabilizadora.

Descripción PX.2

Al finalizar el capítulo Principio General del Orden, me encuentro a una autora japonesa que ha escrito un excelente libro llamado La magia del orden. El editor introduce el libro con las siguientes palabras: Marie Kondo te ayudará a poner en orden tu casa de una vez por todas, con su método inspirador, paso a paso. Transforma tu hogar en un espacio limpio y ordenado, de manera permanente ¡y sorpréndete de cómo cambia tu vida! ¡Recupera tu vida y aprovecha mejor los espacios de tu casa!

El lector se preguntará **¿qué tiene que** ver mi vida con el orden de mi casa, o en este caso de la organización?, también el lector cuestionará qué tiene que ver el orden de los espacios donde laboro, con la armonía y eficiencia de los procesos que ejecuto como función de la misión de mi puesto.

El comprender los principios generales del orden de la lógica contextual, incluida en el presente texto, entenderemos cómo lo que se aplica a los espacios físicos donde habitamos o laboramos, se puede trasladar a todos los aspectos de la vida o en este caso de la organización.

No solo eso, sino que espacio–tiempo son dos magnitudes matemáticas relacionadas, si desaparece una, desaparece la otra, y dado que los procesos se realizan en la línea del tiempo, si hay orden en la base, se inducirá este orden en lo que ocurre en la línea del tiempo. Hace **más de dos décadas que formulé** el principio general del orden, con base en la lógica contextual (ver Complementos Teóricos, capítulo Principio General del Orden) donde siempre supe que ordenar un ámbito dado, ejercía un efecto centrípeto poderoso, sin embargo cuando leí el libro de Marie Kondo, pasé a otro nivel de comprensión de lo que significa ordenar.

El título de su libro La magia del Orden es real, su poder transformador lo puede verificar cualquier lector. En mi mentalidad científica y experimental convertí mi departamento en un laboratorio de transformación por medio del ordenamiento.

A medida que ordenaba, sentía un impulso que me impedía parar, me sentí en el ahora limpiando mi pasado, por medio de un diálogo con los objetos que me rodeaban en el presente, que son función de un pasado acumulado. Ese diálogo limpiaba el pasado para ajustarse a la visión de lo que yo quería en el futuro.

Tan poderoso efecto centrípeto sentí, en este caso aplicado a mi vida, que decidí hacer un libro donde se complemente científicamente lo que aprendí de Marie Kondo. Un libro que posibilitara la transformación cualitativa de cualquier espacio, familiar o laboral. La Magia y Ciencia del Ordenar, sería el título. Aunque el libro de Marie Kondo es sencillo, directo y práctico, no hay explicación lógico– científica de cómo funciona esta magia al hacerlo adecuadamente, tal y como ella lo describe.

Como hemos descrito, los procesos **X** son centrípetos y los procesos **Y** centrífugos, y dado que la fuerza centrípeta es causa primera de la centrifuga, al ordenar los espacios, los procesos **Y** tienden a ser más fluidos, por tanto más eficientes.

La aplicación del orden espacial implica que cada cosa tenga su lugar permanente, de tal forma que cuando utilizo algo y dejo de necesitarlo, no lo suelto para ir por otra cosa que requiero, para el siguiente proceso, en un movimiento crónico hacia adelante, sino por el contrario, cierro el circuito regresándolo a su sitio.

Con el hecho de cerrar el ciclo, antes de tomar otra herramienta, es decir dejo la primera en el lugar preciso asignado, o sea de donde la tomo, estoy induciendo un efecto centrípeto continuo al sistema.

Notará que la calidad del proceso se mejora y curiosamente pareciera que el tiempo corre con menos prisa y nos espera (un aspecto de la magia del orden).

Exploremos un poco más la relación entre la calidad del orden en un espacio dado y la calidad de los procesos que se realizan en dicho espacio.

Tomando el ejemplo del mantenimiento de un generador eléctrico en una planta: si esta labor implica 10 procesos de desarmado, 5 procesos de limpieza y 10 procesos de armado, utilizando 15 instrumentos diferentes.

Ejemplo A

Los instrumentos están en contexto de obviedad, es decir se sabe dónde encontrarlos pero, por azar, sin tener una estructura de orden y cuando se utiliza la que se requiere para el proceso en curso, y deja de necesitarse, se suelta en un espacio indefinido.

- Calidad del mantenimiento = Mediocre
- Tiempo = Acelerado compulsivo
- Costo = Mayor

Ejemplo B

Cada instrumento tiene su lugar exacto, de acuerdo al principio general del orden, de tal forma que podemos ir de contexto mayor al menor, directamente y sin desviaciones, para tomarla utilizarla y finalmente dejarla. Cerrando el ciclo (ejerciendo un efecto centrípeto) para ir por la siguiente herramienta que utilizare en el siguiente proceso.

- Calidad del mantenimiento = En mejora continua
- Tiempo = Sin compulsión centrado y a tiempo
- Costo = Con tendencia a ser menor y menor

El orden de espacios implica

Utilizando los términos contexto y contenido de la lógica contextual, describiré sintéticamente cómo construir este orden.

Contexto (en esta aplicación) es el espacio específico. Contenido es el instrumento que utilizo. Un instrumento es cualquier utensilio que sirve para realizar algún tipo de actividad, existiendo instrumentos de medición científicos, instrumentos manuales, instrumentos mecánicos, instrumentos tipo documento, instrumentos de vuelo en una aeronave, instrumentos hardware o software en la computación, etc.

El orden perfecto consiste en establecer un contexto para cada contenido, siguiendo el principio general del orden. Para lo cual hay que dar los siguientes pasos, postulando que para aplicar correctamente estos hay que **comprender el principio general del orden, que está en la sección dos de este libro.**

1. Distinguir todo lo que no aporta al flujo de los procesos.
   - Basura acumulada (herramientas, piezas, desechos, etc.)
   - Desechar, desechar, desechar (encontrarán mucho material muerto que solo interfiere y empantana los procesos).
2. Establecer las categorías de contenidos
3. Establecer la estructura de espacios (contextos) para cada contenido.
4. Asignar un contexto para cada contenido

El resultado a obtener del anterior ordenamiento es que podremos navegar, clara y precisamente, desde el contexto mayor al contexto menor y de ahí encontrar el preciso lugar del contenido o instrumento buscado. Lugar que será permanente, lo cual consolidará el orden funcional para la mejora cualitativa continua de los procesos.

Ejemplo:
Quiero el instrumento de medición de flujo eléctrico Omega 2. El marco mayor es la planta, dentro de ésta el marco siguiente es el edificio del departamento eléctrico, dentro de este marco está el marco de la sección medidores electrónicos, a su vez dentro de este contexto estará el contexto menor (como una caja dentro de otra) y finalmente el contenido, el instrumento buscado.

Orden de Procesos Y

El ordenamiento de los procesos **Y,** o responsabilidades del puesto, implica citar todos los procesos mayúsculos, de donde se derivan procesos minúsculos para cada uno de los mayúsculos, como vera el lector en el siguiente ejemplo.

La mejor forma de hacerlo es pedirle a cada persona en la organización que describa los procesos fundamentales que forman su puesto de trabajo, luego cada jefe de departamento, citará a su personal a una reunión, donde un asistente proyectará el borrador de procesos de cada puesto, secuencialmente, uno a uno. Es decir, el coordinador es el jefe de departamento con un asistente.

Previamente, se les envía una petición con el propósito claro, el día hora y lugar de la reunión. Durante la reunión se aclara el propósito y se procede a comenzar con la primera persona, que dicta sus procesos en borrador, acto seguido el líder pregunta al grupo qué proceso falta, de donde surgirán múltiples aportaciones.

Cuando ya no falte proceso alguno, se ordenan de mayor importancia a menor importancia. Y.1 será el de mayor importancia, Y.2 el siguiente, y así sucesivamente.

El grupo, formando un cerebro colectivo, verá al puesto en turno por todos los ángulos .Lo cual evitará vacíos de procesos, desorden de procesos, procesos duplicados, y entonces la persona y el departamento a que pertenece tendrán claro cuáles son sus responsabilidades y cómo mejorar sus procesos. En síntesis, clara identidad de puesto (unidad con respecto a sí misma) y clara integración con el nivel a que pertenece, oficina o departamento, parte con respecto a una unidad inmediata superior.

Reunión 2 de cerebro colectivo para el ordenamiento de **P Y**:

El propósito de la reunión 2 será distinguir qué procesos requieren de un manual de procedimientos, que se liga en un PDF, mismo que guía paso a paso el proceso citado.

Reunión 3 de cerebro colectivo para el ordenamiento:

El propósito o finalidad de esta reunión es la de distinguir, en cada puesto, en cada proceso de cada puesto, si requieren o no de un sistema **ERP.**

El software ERP

Existen en el mercado los sistemas de planificación de los recursos empresariales o software **ERP** (Enterprise Resource Planning); estos sistemas están diseñados para eficientizar los procesos de la empresa hacia los resultados que persigue.

Los sistemas **ERP** coordinan procesos de producción, logística, distribución, inventario, envíos, facturas, contabilidad y finanzas en general. Lo cual realiza en forma modular, aunque pueden intervenir también en la coordinación y control de otros procesos, como ventas, entregas, pagos, producción, inventarios, calidad de administración y recursos humanos.

Es importante reiterar que si no se ordena e integra sistémicamente los ERP a los procesos de puestos específicos, estos magníficos sistemas de mejoramiento de procesos se subutilizan e incluso pueden ser campos interferentes, a pesar del alto costo financiero que la empresa invirtió.

Modelo de Estructura funcional de un puesto

Puesto : Tesorera
Nombre : Silvia Mendoza Ibañez

Mision :La misión de la tesorera es la de Administrar los fondos de la empresa, para dirigir, coordinar y gestionar los procesos relacionados con los movimientos económicos y flujos monetarios, en una cultura de mejora continua de E-P-R

Procesos X
PX.1 (Coordinacion linguistica en 0 cortes)
PX.2 (Orden - Espacios)

Procesos Y

- P Y.1) Orden actividades del día
- P Y.2) Procesar un reporte del efectivo disponible diariamente
- P Y.3) Ordenar cheques para pago
- P Y.4) Distinguir el origen de los depósitos bancarios
- P Y.5) Pagar nomina al personal administrativo
- P Y.6) Comprobar que los cheques emitidos estén cobrados
- P Y.7) Controlar y distinguir las diferencias detectadas en Bancos
- P Y.8) Efectuar traspasos de saldos a cuentas de inversión
- P Y.9) Procesar un reporte del flujo de efectivo mensual
- P Y.10 Procesar y llevar un control de los gastos de obra
- P Y.11) Llevar un control de efectivo que entra en la organización
- P Y.12) Entrega de las pólizas de cheque semanal.

Liga del Proceso al Software E.R.P.

Proceso 1
Proceso 2
Proceso 3
Proceso 4
Proceso 5
- **Paso 1**
- **Paso 2**
- **Paso 3**
- **Paso 4**
- **Paso 5**

El esquema anterior muestra un modelo de estructura funcional, completa. La misión del puesto, los procesos por medio de los cuales cumple con su misión, subdivididos en procesos X y procesos Y, describiendo las dos subdivisiones de los procesos X , ordenando todos y cada uno de los procesos Y, en gradación de más importante a menos. Para finalmente ligar los manuales y los E.R.P que guían o eficientizan a procesos Y específicos.

Fase 3 R) Resultados
Activación del Ciclo E-P-R

Propósito de la fase R

Siguiendo la trayectoria de los principios para la transformación cualitativa de toda organización, Estructura que determina a los Procesos y estos a los resultados (**E-P-R**) llegamos, al principio **R resultados.**

El propósito de esta fase es la de establecer los objetivos cuantitativos que la organización quiere obtener y activar el proceso de mejora continua de **E-P-R** en ciclos de mejora continua.

Habiendo dos opciones, activar la mejora continua **E-P-R,** lo cual mejorará a la organización, dándole un estándar cualitativo estable. O activar el ciclo de mejora continua de estructura-procesos hacia resultados específicos que la empresa desea realizar. O ambas, que es lo más recomendable.

Por lo que en esta fase es importante enunciar, con claridad y precisión, los resultados que aspira la organización, pues como **R** (Resultados) es causa de **P** (procesos), y **P** de **E** (Estructura), la estructura y los procesos evolucionarán ajustándose, gradualmente, en función de los resultados a obtener establecidos como metas. Ya que al llegar a esta fase la organización ya está ordenada estructuralmente, teniendo orden de procesos, es decir ya tiene una condición que la posibilita fijar y realizar objetivos cuantitativos de una manera estable.

Objetivos Motor del Desarrollo

Un objetivo es la marca en la línea del tiempo que define el fin a que se quiere llegar, es aquello que guía a la persona en su mecánica de decisiones.

En el ámbito organizacional, los objetivos son los resultados que se quieren alcanzar en periodos de tiempo específicos, en función de la misión de la empresa y en el sentido de la realización de su visión.

Los objetivos deben de formularse de una manera clara, en términos observables y medibles, cuanto más claros están, mejor puede la empresa canalizar sus recursos para su realización.

Sistema de mejora continua E-P-R (órbitas en mejora continua)

La organización en esta fase entra, activa el proceso de mejora continua cualitativa y cuantitativa, por medio de objetivos cualitativos y cuantitativos en cada órbita, formando un todo coordinado de mejora.

La siguiente ilustración muestra a la organización como totalidad (órbita 1) girando en mejora continua, estableciendo reuniones cíclicas, mensuales o quincenales, para el **establecimiento y revisión** de objetivos cualitativos y cuantitativos.

La órbita 2, de cada uno de los departamentos, establece por su lado reuniones de mejora continua, como unidad respecto a sí misma y parte con respecto a la órbita 1.

La órbita 3 de cada una de las áreas que conforman al departamento, en cada departamento a su vez como unidad respecto a sí misma, con su misión, visión y objetivos propios, y parte con respecto a una órbita inmediata superior, entra en el continuum de mejora, formando un todo sistémico coordinado de mejora continua cualitativa y cuantitativa.

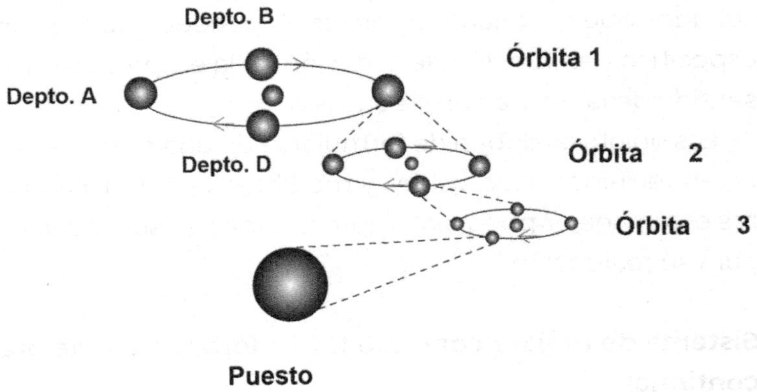

Mecánica de Reuniones Cíclicas de Mejoramiento en E-P-R

La órbita 1, que tiene en el centro la dirección general, y en la periferia las cuatro esferas que representan a los cuatro departamentos, activa la mejora continua, declarando su inicio. Dicha declaración activa las reuniones cíclicas de mejoramiento continuo en **E-P-R** estableciendo:

1. Su periodicidad, semanal, quincenal o mensual
2. El coordinador de la reunión
3. El asistente

1) La periodicidad, una vez declarada, debe de entrar en un control estadístico, es decir, se grafica la relación entre lo declarado y lo realizado.

2) El coordinador generalmente es el jefe de órbita, en este caso el director general, será quien dirija la reunión de la órbita 1.

3) El asistente de las reuniones E.P.R. tiene la misión de llevar un control estadístico de las reuniones, un control de los participantes y su puntualidad. Es quien maneja la computadora a una pantalla o cañón. Será quien registre los objetivos y el grado de cumplimiento de estos.

Esto mismo debe de ocurrir en cascada, es decir, cada jefe de departamento lo llevará a su órbita, en este caso la 2, y cada jefe de oficina, a su vez, lo llevará a su gente, formando un sistema de mejora continua en E-P-R.

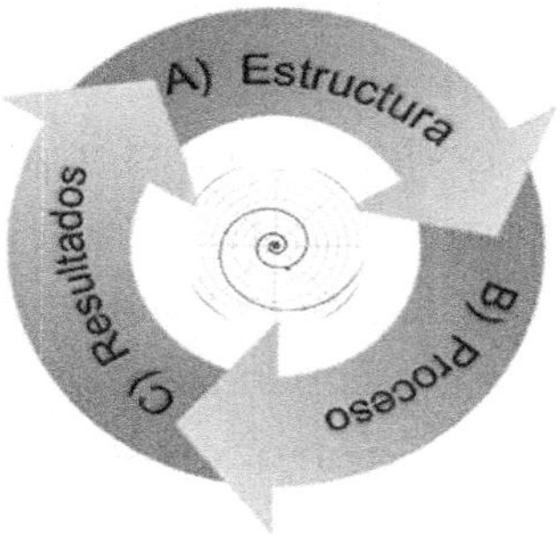

La ilustración describe esquemáticamente el proceso de desarrollo de un sistema organizacional. Dado que los resultados son función de los procesos y los procesos, a su vez, de la estructura, al mejorar cíclica y continuamente estructura- procesos–resultados, se genera el desarrollo (representado por la espiral logarítmica) en todo sistema organizacional.

Transformando problemas en oportunidades de mejoramiento de E-P-R

Todo problema tiene una causa raíz. Generalmente dicha causa primera, la descubrimos en la estructura. Algún vacío estructural, alguna indefinición o complicación estructural, genera problema en la cadena de procesos, que a su vez se refleja en los resultados cualitativos y cuantitativos de la empresa.

En las organizaciones, cuando no se ha instalado la cultura **E- P- R** para transformar problemas en oportunidades, la persona al enfrentarse a un problema, lo oculta o ignora, en vez de observarlo para transformarlo. Esto ocurre por miedo a reprimendas. Un problema es un problema y nadie quiere ser causa o estar relacionado con ello. Sin embargo, podemos transformar cada problema en una valiosa oportunidad de mejoramiento.

Como hemos mencionado en anteriores capítulos, un problema contiene dialécticamente su opuesto, la posibilidad de transformarlo en oportunidad de mejoramiento. Por lo que el relacionarse con el problema, en vez de ocultarlo, representa el punto de partida.

La peor opción ante un problema es ignorarlo. Cuando un empleado tiene miedo de reportar un problema, por las reacciones de su jefe, aunque descubra que una máquina no funciona adecuadamente, está creando de un problema, dos, y de dos, cuatro.

Esta cultura del miedo hace que dicho trabajador siga sacando trabajo defectuoso, esperando que no ocurra consecuencia alguna. Muchas oportunidades de mejoramiento se pierden en la cultura tradicional del miedo y supresión.

En una cultura **E-P-R**, el jefe da la bienvenida al reporte del problema, para analizar la línea causal, distinguirlo y corregirlo, lo que hace que nunca vuelva a pasar.

La administración **E-P- R** lejos de culpar a quien lo reporta, agradece la integridad y la confianza del trabajador y su compromiso por el mejoramiento.

Ejemplo:

Estaba asesorando una planta hidroeléctrica grande, cuando de pronto todos los ingenieros que estaban en reunión conmigo, en el proceso de asesoría del MTCO, salieron corriendo, pues había un corte en una máquina generadora, lo cual, ponía en riesgo toda la red que afectaba varias poblaciones.

Una vez que se resolvió el problema, al menos circunstancialmente, y que los ingenieros regresaron a la calma, les digo: bueno aprovechemos el problema para convertirlo en oportunidad.

Dado que el resultado no deseado, corte, es efecto de los procesos y estos de la estructura, utilizando el modelo analizamos la línea causal.

El problema se describió como un corte en el funcionamiento de un generador. Esto no debe de pasar pues el departamento de control tiene un sofisticado software (ERP) para monitorear dicho funcionamiento y prevenir cualquier corte. Ahora bien, dicho software debe de estar ligado a procesos específicos (Y) de puestos específicos.

Descubriendo que en el departamento de control había tres puestos de trabajo, cada técnico tenía una misión de puesto y una serie de procesos por medio de los cuales cumplía con dicha misión de puesto, es decir sus responsabilidades específicas.

Había un vacío de procesos en relación a la revisión del sistema que a su vez monitorea el funcionamiento del generador. Revelando una condición de 'es de todos', pero todos es nadie, puesto que uno espera que el otro lo haga, y volvemos a la condición de enredo. Si muchos tienen esa responsabilidad, se da la ilusión de mayor seguridad de que no ocurra un corte, produciéndose el enredo, la interferencia. Las condiciones de obviedad generan muchos problemas, eso de que sí, es obvio, pero no hay un responsable concreto, claro y preciso para dicha función o proceso específico.

Se reestructuraron los procesos del departamento asignando procesos específicos a personas específicas en el control total de los parámetros del software **E.R.P** de control. El problema que pasaba varias veces al año nunca más volvió a ocurrir.

La aplicación de los principios **E-P-R** del modelo para la transformación cualitativa organizacional, utilizado en la transformación de problemas, nos ha permitido mejorar toda la línea **E-P-R.** Es decir, mejorando la estructura, los procesos y por ende las resultados, como en el caso anterior**,** 0 cortes anuales en los generadores. De esta forma se transformó el problema en una oportunidad de mejoramiento de la estructura, los procesos llegando al resultado de 0 cortes de la generación del flujo eléctrico. El ejemplo anterior se aplica a todo problema, en síntesis cada problema puede convertirse en una posibilidad de oportunidad de mejora de **Estructura- Procesos-Resultados.**

Pasos:

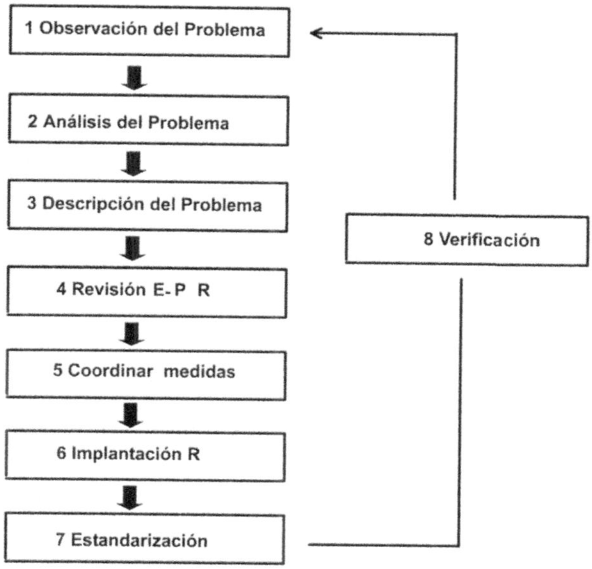

Lo primero es dar la bienvenida a aquello que llamamos problema, observándolo como fenómeno. 2) Analizarlo, una vez analizado 3) tendremos una descriptiva clara y precisa del mismo. 4) Revisamos la línea causal Estructura--- Procesos – Resultados, buscando la causa raíz, partiendo de la estructura. 5) Coordinar medidas correctivas. 6) Implantarlas. 7) Estandarizar, después de un ciclo se revisa. 8) Verificar que el problema se convirtió en mejora **E-P-R**.

SEGUNDA PARTE

Complementos teóricos fundamentales

V. Lógica Contextual

Instrumento deductivo estructural y de campo

Preámbulo

Cuando una persona aprende e incorpora a su cultura la lógica contextual, la lógica del orden, la lógica de las estructuras, la lógica del sentido claro y preciso, la lógica que transforma lo complicado, disfuncional, en simple y funcional. Entonces, y sólo entonces, comprenderá que todo es simple y complejo mas no complicado.

Lo simple es claro, obvio, preciso y unitario, es funcional, pues fluye. Lo complejo no es más que una ramificación de lo simple, es decir es un tejido de elementos simples.

Lo complicado (del latín complicare, enredo) es el enredo de lo complejo, convirtiéndose, al enredarse, en complicado. Lo complicado es disfuncional, no fluye pues se auto interfiere.

Entonces comprenderá que vivimos en un mundo complicado, innecesariamente complicado, relaciones humanas complicadas, sistema educativo complicado, organizaciones complicadas, fuerzas políticas, económicas y sociales complicadas, relación con el medio ambiente complicado, etc.

Existen tres condiciones de nuestra relación con el conocimiento: lo que sabes que sabes, lo que sabes que no sabes y lo que no sabes que no sabes.

Por ejemplo, sabes que sabes aritmética, sabes que no sabes física nuclear (en el ejemplo citado) pero existe un área que ni siquiera sabes que no la sabes, lo cual representa un punto totalmente ciego.

No sabemos que no sabemos, como cultura, sociedad, civilización, que estamos enredados, tomándolo como una condición natural de ser de las cosas en su relación entre sí.

El presente libro es producto de décadas de investigación y experimentación, comprobando una y otra vez, la validez de esta lógica.

La intención del presente texto es abrir relaciones internacionales, para crear laboratorios de investigación que incluyan a la lógica formal académica y a la lógica contextual, para el desarrollo de tecnologías que requiere y necesita el planeta en el presente y hacia el futuro.

La intención es abrir un espacio, en el contexto cultural internacional, para una nueva y complementaria lógica.

Es abrir espacios de estudio a nivel internacional de este fino instrumento deductivo, transformando cualitativamente organizaciones, al sistema educativo, y lo más importante, la aplicación de esta lógica en las relaciones humanas y comunicación, lo cual posibilita transformarlas de complicadas, disfuncionales a funcionales

Introducción

La lógica contextual es un instrumento del razonamiento necesario para la lectura estructural, es la lógica del orden, la lógica de las estructuras, un fino instrumento deductivo, necesario y complementario a la lógica formal académica.

Esta lógica es esencialmente simple, sin embargo la gente cuando ve abstracciones y símbolos, les recuerda a la matemática y como el proceso de la enseñanza de esta materia, la academia, lo ha hecho muy enredado, complicado, confuso y angustioso, en cuanto ven abstracciones se cierran o tienden a hacerlo.

La lógica contextual es producto de tres líneas de investigación que convergen en la formulación de la primera ley de este instrumento deductivo, estas líneas de investigación verifican por separado dicha ley que postula: dada una relación entre contenido y contexto, siempre el contexto determinará al sentido del contenido.

Las distinciones básicas para la formulación de esta lógica las aprendí de Werner Erhard en la ciudad de Nueva York. Partiendo de dichas abstracciones y luego de 20 años de investigación, postulo la lógica del orden, que llamo lógica contextual.

La lógica contextual es un producto intelectual patentado y registrado por Elipxo Internacional, cuyo autor es Santiago Sucarrats Dañobeitia, dicho producto intelectual se divide en lógica **contextual teórica o abstracta y lógica contextual aplicada.**

Lógica Contextual Teórica
¿Qué es la lógica?

Las palabras lógica y lógico son comunes en el espacio cultural, frecuentemente señalamos a una conducta lógica como contrapuesta a otra ilógica, en todos los casos la palabra lógica es usada como sinónimo de razonable, una persona de espíritu lógico es una persona razonable.

Sin embargo, no todo proceso de razonamiento es correcto y completo, la lógica es una metodología que posibilita hacer del razonamiento un proceso más claro, correcto y completo.

Partiendo de lo anterior, definiremos a la lógica como un instrumento del razonamiento.

Vamos a considerar tres instrumentos de razonamiento a manera de introducción, para luego desplegar el estudio del tercero.

- Lógica formal
- Lógica dialéctica
- Lógica contextual

Lógica formal

La lógica formal se fraguó en la Grecia clásica. El sintetizador del pensamiento griego, el intelecto más enciclopédico del periodo clásico fue Aristóteles; él recopiló, clasificó, ordenó, cuestionó y sistematizó al proceso de reflexión y con ello creó la lógica formal.

Las leyes de la lógica formal son claras y congruentes dentro de los límites de su propia estructura.

Los principios de esta lógica son utilizados comúnmente. El ser humano emplea estos principios en procesos de razonamiento de manera empírica, es decir sin teoría o metodología alguna, sin saber nada de Aristóteles ni de la lógica formal.

No obstante, una cosa es obedecer una ley y emplearla, y otra muy diferente es comprenderla y formularla científicamente.

Todos comen según las leyes fisiológicas determinadas, sin saber cuáles son y cómo operan; lo mismo ocurre con las leyes de la lógica, todo el mundo razona, mas no todos comprenden las leyes que regulan el pensamiento correcto del incorrecto.

Es importante distinguir el hecho de que la lógica formal se ha convertido en un sistema cerrado por fijación (ver Contextos abiertos, contextos cerrados).

Sus leyes se presentan como absolutas, finales, ilimitadas, como rigiendo el mundo del razonamiento de manera totalitaria.

De acuerdo con las leyes de la lógica contextual, toda aseveración es válida en el contexto que le da sentido, e inválidas en otro marco referencial o contexto.

Lógica Dialéctica

Los orígenes históricos de la dialéctica aparecen en primera instancia en los filósofos griegos, entre ellos el más representativo fue Heráclito de Éfeso. La reflexión dialéctica fue desarrollándose a través del tiempo, siendo Georg Hegel quien la consolidó como una lógica o instrumento del razonamiento.

La trayectoria histórica de desarrollo del método dialéctico ha pasado por varias fases:

El primero es el de la dialéctica de las relaciones y los nexos. La reflexión dialéctica en la antigüedad discurría en el sentido de distinguir las relaciones los nexos entre las partes de un todo.

La segunda fase fue la dialéctica del movimiento. Surgió en la época moderna y se desarrolló hasta comienzos del siglo XIX. El periodo en que la mecánica penetró los secretos espacio-temporales de los objetos.

La tercera fase de la de la dialéctica del desarrollo, tesis antítesis = síntesis, que a su vez es la tesis del nivel superior y así sucesivamente.

La dialéctica es la lógica del movimiento, del cambio, de los procesos evolutivos. Con la comprensión de la correlación interna de la unidad y la pluralidad, lo general y lo singular, lo simple y lo complejo, el todo y la parte, la forma y el contenido, el reposo y el movimiento, en una palabra, con la comprensión de la unidad de los contrarios nace toda dialéctica.

En el contexto de la lógica formal el (+) es y será diferente del (-). Ahora bien, si cambiamos al contexto de la lógica dialéctica, el más contiene al menos y el menos al más. El uno existe en función del otro, son polos que analizados por separado contienen potencialmente a su opuesto complementario. Así, la resta contiene a la suma, es la suma con signo contrario, de la misma forma la multiplicación contiene a la división.

Lógica Contextual

La proclividad a la complicación y a la incongruencia propia de nuestra cultura sociedad y civilización no se deben a su irracionalidad, sino más bien a una racionalidad insuficiente, pues si nuestra condición fuera enteramente irracional (como los animales) al menos seríamos congruentes.

Este déficit racional, origen de múltiples incongruencias y complicaciones, se puede sintetizar en una sola frase: Incapacidad de establecer claras relaciones entre contextos y contenidos.

El contexto (del latín contextus, con, y textere, tejer) es un tejido, un conjunto que forma a una totalidad.

El contenido es una parte dentro de dicha totalidad. Cuando la relación contexto contenido es clara, se evidencia el principio fundamental de la lógica contextual, contexto determina el sentido del contenido, encontrando el contenido en proceso, un claro sentido de dirección.

Por el contrario, al darse una relación contexto-contenido confusa y difusa, el contenido en proceso se mueve sin un claro sentido de propósito, en un espacio de contextos (sentidos) cruzados, que originan estados complicados e incongruentes.

La lógica formal relaciona dos contenidos (aseveraciones) estableciendo una conclusión. La lógica dialéctica relaciona los opuestos complementarios, deduciendo procesos de movimiento, cambio, desarrollo y evolución.

La lógica contextual, relaciona a un contenido o contenidos con el contexto o contextos que determinan su sentido.

El incluir al factor contextual en los procesos lógicos deductivos e inductivos hace que el razonamiento sea más completo, dando posibilidad a:

- Convertir lo complicado en complejo y lo complejo en sus elementos simples constitutivos.
- Distinguir las incongruencias.
- Disolver los marcos rígidos que generan posición y oposición, transformándolos en contextos de convergencia y comunicación.
- Aumentar la claridad, precisión y calidad del proceso deductivo.
- Desarrollar productos intelectuales congruentes.
- Desarrollar una cultura intelectiva cualitativa.

Leyes de la Lógica Contextual

Las leyes de la Lógica Contextual, de las que se hará su descripción en un apartado posterior, son las siguientes:

1. Contexto determina al sentido del contenido.
    - Cambia contexto cambia sentido del contenido.
    - Una aseveración válida en un contexto, es inválida en otro.
    - Un proceso deductivo dado, es función del contexto que lo determina.
2. El cruce de dos contextos induciendo a un contenido, dan a éste sentido ambivalente, causa de toda complicación.

3. Los contextos abiertos (-) experimentan renovación, más no se consolidan.
4. Los contextos cerrados (+) tienden a consolidarse, más no experimentan renovación.
5. El flujo y funcionalidad entre contenidos dentro de un contexto, es función directa de su relación con el contexto que los determina.

El proceso de gestación de una ley

Siguiendo la trayectoria de la hominización, encontraremos en cierto punto de dicha trayectoria la necesidad del ser humano por conocer. La búsqueda del conocimiento es tan vieja como la historia de la humanidad.

A medida que el homínido, en su proceso evolutivo, satisfacía sus necesidades básicas, observaba, estudiaba los objetos del medio ambiente, a fin de ponerlos a su servicio.

La esencia de la ciencia es **la generalización**; la generalización parte de un espectro amplio de observaciones, que a su vez parten de experiencias acumuladas.

Que el fuego pueda producirse frotando dos leños es un conocimiento derivado de experiencias particulares, que dieron lugar a dicha generalización; es decir, el frotamiento de leños en una forma particular siempre producirá fuego.

El arte de descubrir es, por tanto, el arte de la correcta generalización. Ahora bien, en el proceso de explicar los fenómenos, se pueden dar:

- Analogías

- Generalizaciones incorrectas
- Generalizaciones correctas

Analogías

Cuando el ser humano no encuentra elementos para formular una generalización y ante la necesidad de explicarse el mundo y sus fenómenos, recurre a la analogía. Cuando la explicación científica fracasó, porque el conocimiento de la época era insuficiente para proporcionar la generalización correcta, es entonces cuando la imaginación toma su lugar, brindando una seudo explicación, lo cual satisface, con ingenuos paralelismos, la necesidad humana de explicarse los fenómenos.

En la prehistoria, el ser humano, al no poder explicarse así mismo el fenómeno del relámpago, incurría en cruces analógicos inducidos por su experiencia; los humanos y los animales cuando se enojan gruñen, así el relámpago ocurre cuando se enojan los dioses.

Los antiguos americanos al no tener elementos para poder explicarse el fenómeno del eclipse solar y ante el cúmulo de observaciones de serpientes devorando huevos de ave, lo cual ocurre a un ritmo tan lento y gradual como un eclipse, construyeron una estructura de interpretación basada en la analogía, declarando: el eclipse de sol acontece cuando la gran serpiente devora al sol.

Como principio el mundo físico ha generado una diversidad de mitologías, todos los pueblos cuentan con alguna versión.

Generalizaciones incorrectas

La generalización incorrecta parte, como toda generalización, de experiencias y observaciones, sin embargo es superior a la analo-gía, pues en esta fase ya se han superado los antropomorfismos (atribución de cualidades humanas a objetos físicos) y con ello los cruces analógicos producto de la imaginación.

Comienza a perfilarse la explicación científica, formulando generalizaciones vagas y aproximadas, por tanto todavía incorrectas.

Por ejemplo, cuando Tales de Mileto (600 A.C.) expuso la teoría de que el agua es la substancia de todas las cosas, elaboró de esta manera una estructura de interpretación, que a su vez dio lugar a una generalización incorrecta.

El hecho de haber observado a este cuerpo compuesto, que resulta de la combinación de dos volúmenes de hidrógeno por uno de oxígeno, en muchas materias como en el suelo o en los organismos humanos, lo llevó a generalizar este principio para todos los objetos materiales.

Generalizaciones correctas

Las correctas generalizaciones son origen de la ciencia, éstas parten, como hemos mencionado en párrafos anteriores, de un número amplio de experiencias particulares, que dan lugar a generalizaciones, que al comprobarse experimentalmente conforman una ley.

Desde la antigüedad, la reflexión científica comenzó con formulaciones de gran amplitud; conocieron leyes de geometría válidas para todas las partes del espacio sin excepción, leyes de astronomía que rigen la mecánica celeste y un buen número de leyes físicas y químicas.

Así pues, una ley se deriva de la correcta generalización, expresan que un cierto número de implicaciones son válidas para todos los objetos de una clase determinada. En otras palabras, son juicios de la clase **si-siempre**.

Ejemplo:
Si se calienta un líquido lo suficiente, **siempre** se evapora.
Si se deja caer un cuerpo, éste **siempre** experimentará una aceleración igual a 9.81 mt/seg.
Si se dan dos cuerpos en el espacio, éstos **siempre** se atraerán con una fuerza directamente proporcional al producto de sus masas e inversamente proporcional al cuadrado de la distancia que los separa.

Los ejemplos anteriores son generalizaciones correctas, con menor o mayor grado de especificidad.

Descripción de las leyes de la Lógica Contextual

1. Contexto determina sentido del contenido

La primera ley de la lógica contextual parte de la siguiente generalización: si se da una relación entre contexto y contenido, siempre el contexto determinará al sentido del contenido.

Para poder demostrar la exactitud de esta ley, es necesario primero habilitarse a distinguir el contexto del contenido en un proceso intelectivo dado (ver sección Distinguiendo contexto de contenido).

Cambio contexto, cambio sentido del contenido

Contexto determina al sentido del contenido, cambio de contexto, cambio al sentido del contenido. Lo cual es una derivación de la primera ley. Cuando no distinguimos el hecho de que el sentido de un contenido dado está determinado por un contexto, presuponemos que dicho sentido es una propiedad intrínseca al contenido y por tanto, no cambia.

Esta ley establece que un mismo contenido adquiere sentidos en congruencia con el contexto que lo contiene.

Un contenido sin contexto, es igual a un contenido sin sentido

Para ilustrar lo anterior, tomemos el ejemplo citado por Albert Einstein; me encuentro en la ventanilla de un vagón de ferrocarril, animado por un movimiento uniforme, entonces dejo caer una piedra sobre el terraplén, sin comunicarle a aquella impulso alguno. Veré entonces, prescindiendo de la resistencia del aire, que la piedra cae en línea recta.

Un peatón que observa desde el terraplén, nota que la piedra cae describiendo una parábola. La pregunta es ¿la piedra al caer describe una trayectoria recta o parabólica?

El pasajero del tren puede afirmar que la trayectoria de la caída de la piedra fue una línea recta y para comprobarlo establece un sistema de coordenadas rígidamente unido al vagón, comprobando en efecto la linealidad de la trayectoria para cada punto del marco de referencia (sistema de coordenadas fijo al vagón).

Sin embargo, el observador del terraplén difiere, afirmando que en realidad la piedra describió una trayectoria parabólica, comprobándolo en cada punto de un sistema de coordenadas fijo al terraplén.

La teoría especial de la relatividad establece, en función de lo anterior, que no existe ninguna trayectoria propiamente dicha, sino sólo trayectorias en relación a un marco de referencia o contexto determinado

En términos de la Lógica Contextual:

- El marco de referencia del sistema de coordenadas fijo al vagón lo llamaremos contexto M
- El marco de referencia del sistema de coordenadas fijo al terraplén lo llamaremos contexto N
- El contenido es la piedra
- El sentido del contenido es la trayectoria.
- Contexto determina al sentido del contenido, el contexto M determina una trayectoria rectilínea, contexto N determina una trayectoria parabólica.

- Cambio de contexto, cambio de sentido del contenido.
- Un mismo contenido al pasar del contexto M al N, cambia su sentido de rectilíneo a parabólico.

Una aseveración válida en un contexto es inválida en otro

Una aseveración válida en un contexto, es inválida en otro. Lo cual, como la anterior es una derivación de la primera ley, aportando la distinción de que es el contexto que da sentido al contenido, por tanto si cambia el contexto cambia el sentido del contenido.

Por ejemplo, si el contexto es el planeta o cuerpo celeste y el contenido, en este ejemplo, es el peso de una persona, en el contexto tierra pesará 80 kilogramos, si cambio contexto a la luna, ahora el mismo exacto contenido pesará 13 kilogramos.

El peso de 80 kg de la persona es válido para el contexto tierra e invalido para el contexto luna.

Un proceso deductivo dado es función del contexto que lo determina

Esta ley induce en la cultura la distinción de que toda aseveración, si bien válida y comprobada en un contexto, se vuelve inválida en otro contexto.

Tomando nuevamente el ejemplo del tren citado por Albert Einstein, encontramos que la aseveración: La piedra cae en línea recta, es válida para el contexto del pasajero en el vagón e inválida para el observador del terraplén.

Incluso una aseveración válida en la lógica formal, como la de que el + es y será diferente del -, es inválida al cambiar el contexto de la lógica formal al de la lógica dialéctica, donde el más es el opuesto complementario del menos.

Sintetizando:
Contexto determina al sentido del contenido.

Por lo tanto, cambio de contexto, cambio del sentido del contenido.

Una aseveración válida en un contexto, es inválida en otro.

Un proceso deductivo dado es función del contexto que lo determina.

2. El cruce de dos contextos induciendo a un contenido o contenidos

El cruce de dos contextos induciendo a un contenido, dan a éste un sentido ambivalente, causa de toda complicación.

Dado que el sentido de un contenido está dado por el contexto, cuando dos o más contextos se cruzan, induciendo a un mismo contenido, generan un cruce de sentidos causa de ambivalencia y de toda complicación.

Consideremos las siguientes definiciones:

Lo simple: (del latín simples) puro sin mezcla, que no es doble.

Lo complejo: (del latín complexus) que se compone de diversos elementos, lo complejo es una ramificación, un tejido, de elementos simples.

A medida que aumenta el grado de complejidad de las cosas, aumenta paralelamente el riesgo de que se convierta en complicada. En otras palabras y a manera de metáfora, a medida que brotan del árbol más ramas, en esa medida, las ramas pueden enredarse entre sí, creando una complicación.

Lo complicado: (del latín complicare) mezclar entre sí cosas diferentes, enredar, embrollar, enmarañar. Lo complicado es función del enredo de lo complejo.

Las cosas son intrínsecamente simples y complejas, la complicación debe de tomarse como un error de método y no como una propiedad de la cosa en sí. Por ejemplo: ante la percepción de la matemática como una materia complicada, debe de distinguirse que la complicación no reside en la cosa en sí (matemática), sino en la forma complicada del programa educativo, del proceso de enseñanza-aprendizaje, e incluso en la estructura de sentido de los libros de texto.

Es decir, del barroquismo intelectivo que se ha formado en torno de la disciplina mencionada y en la cultura intelectiva académica en general.

3. Los contextos abiertos (-) experimentan renovación, más no se consolidan.

4. Los contextos cerrados (+) se consolidan, más no experimentan renovación.

Un contexto es un conjunto que conforma a una totalidad o unidad mayor, un contexto está formado por el tejido de una diversidad de contenidos que al intercalar, al establecer vínculos entre sí, forman una unidad mayor o totalidad.

La tercera y cuarta ley de la lógica contextual se derivan de las siguientes generalizaciones:

Si un contexto se abre, **siempre** tiende a renovarse.

Si un contexto se cierra, **siempre** tiende a consolidarse internamente.

Para verificar esta ley, primero es pertinente distinguir un contexto de una clase determinada, ya sea molecular, biológico, social, organizacional o conceptual.

Ejemplo de un contexto biológico: una célula es contenido en relación al tejido y contexto en relación a las partes que la conforman; es decir, es unidad con respecto a sus partes y parte con respecto a una unidad mayor. Como unidad con respecto a sus partes conforma un contexto biológico, este contexto experimenta dos fases: abierta (catabolismo) y cerrada (anabolismo), es decir, el ciclo metabólico de asimilación y eliminación.

La célula cuando está en la fase abierta (catabólica), tiene a intercambiar elementos con el medio celular, renovándose. Cuando la fase es cerrada (anabólica), asimila los elementos intercambiados con el medio celular, consolidando a la estructura interna de la célula.

Las estructuras conceptuales forman contextos y estos como tales experimentan la fase abierta y cerrada.

Cuando se cierra una estructura conceptual, tiende a consolidar a sus elementos internos y a eliminar a todo aquello externo al marco que la limita. Esta estructuración interna acumula elementos que validan a dicha estructura, no en virtud de que ésta sea verdadera o falsa, sino en virtud de su estructuración y consolidación.

5. El flujo y funcionalidad entre contenidos dentro de un contexto, es función directa de su relación con el contexto que los determina.

- Cuando el contenido se autoafirma como causa, perdiendo relación con el contexto que lo determina, se torna disfuncional
- Cuando un contenido establece su base en el contexto que lo determina, se torna dicha relación funcional, fluida, armoniosa.

La calidad de relación entre contenidos

Dado el contexto M y los contenidos q1,q2,q3, el flujo y funcionalidad entre estos es función directa de la relación contenido y contexto, esto es, cuando por ejemplo el contenido q, se autoafirma como perdiendo la relación con el contexto, su relación con otros tiende a la complicación.

Léase: El contexto M determina el sentido de los contenidos q y del la calidad de relación entre estos .

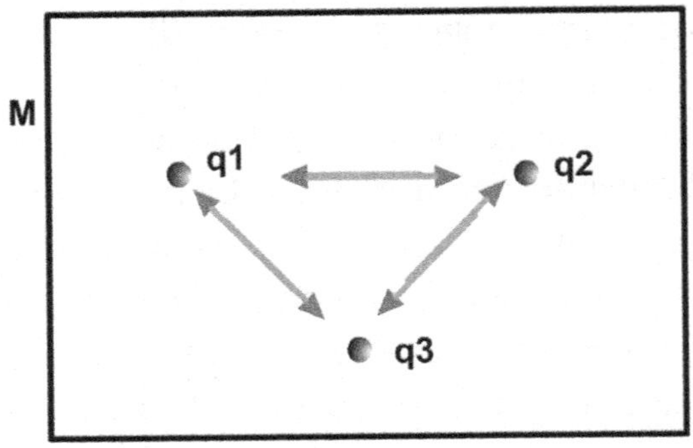

M ⟶ (q ⟷ q1 ⟷ q2)

Abstracciones

Representación esquemática y simbólica de la Lógica Contextual

Como lo hemos descrito anteriormente, la lógica formal relaciona contenidos para establecer conclusiones falsas o verdaderas. Por ejemplo: los perros ladran, el gran danés es un perro, el gran danés ladra.

La lógica dialéctica relaciona a contenidos opuestos complementarios, para deducir proceso de movimiento de complementariedad dialéctica. Ejemplo: tesis, antítesis, síntesis.

La lógica contextual relaciona a los contenidos con el contexto, o estructura de contextos, que determinan el sentido de estos.

Dado que a medida que entran en juego más y más contextos y contenidos es necesario establecer una simbología y una representación esquemática para no caer en lo complicado y mantener todo simple y complejo, aunque entren en juego muchos contextos y contenidos.

En síntesis la lógica formal relaciona contenidos, la lógica dialéctica relaciona contenidos opuestos complementarios, y la lógica contextual relaciona contenidos con contextos, los contextos que determinan el sentido de dichos contenidos.

Simbología

Relación entre contextos y contenidos
Su representación simbólica

- **En la lógica contextual se dan tres categorías o tipos de relación entre contexto y contenido.**
  - Relación clara entre contexto – contenido
  - Cruce contextual
  - Contexto abierto (-) contexto cerrado (+)

- **Simbología**

  Letra mayúscula = Contexto **M**

  Letra minúscula = Contenido **n**

  Minúscula mayúscula = Contenido
  Para un contexto mayor, contexto para
  Un contenido menor **nN**

  Flecha = Sentido de la determinación →

- Contexto cerrado (+)
- Contexto abierto (-)
- Contexto abierto por declaración (-) ↑
- Contexto cerrado por declaración (+) ↑
- Contexto abierto por confusión (-) ↓
- Contexto cerrado por fijación (+) ↓

Relaciones Contexto - Contenido

Como hemos descrito la lógica contextual es la lógica que relaciona contextos con contenidos, dándose tres tipos de relaciones entre contextos y contenidos.

- Relaciones claras contexto – contenido
- Relaciones contextuales con cruces
- Contextos abiertos – contextos cerrados

Relaciones claras Contexto – Contenido

Contexto determina el sentido del contenido. Cuando se da una clara definición del marco contextual en relación a su contenido, éste toma un claro y preciso sentido.

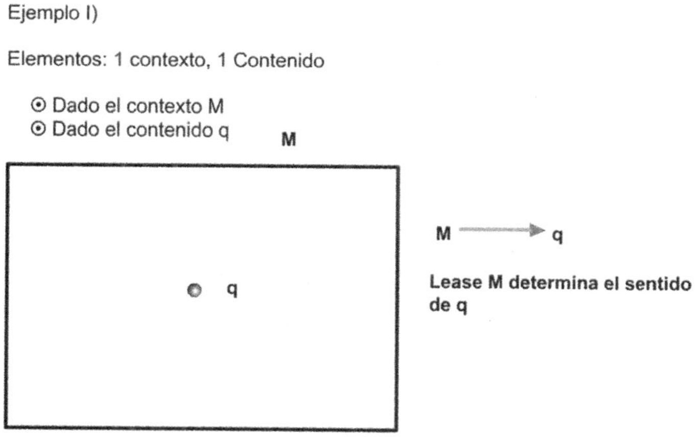

Ejemplo II)

Elementos: 1 Contexto, 2 Contenidos

- ⊙ Dado el contexto M
- ⊙ Dado los contenido q y q1

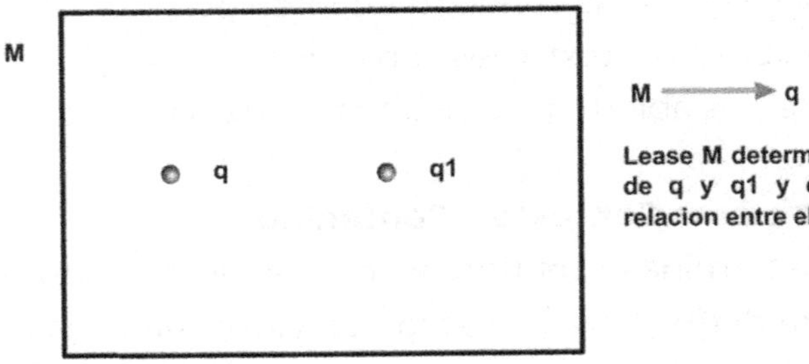

Lease M determina el sentido de q y q1 y el sentido de relacion entre ellas

Cruces contextuales

El principio dos (leyes de la lógica contextual) dice: El cruce de dos o más contextos induciendo a un contenido, dan a éste sentidos ambivalentes, causa de toda complicación.

Ejemplo I)

Elementos: Dos contextos en cruce, un contenido

- ⊙ Dado el contexto M
- ⊙ Dado el contexto Z
- ⊙ Dado el contenido q

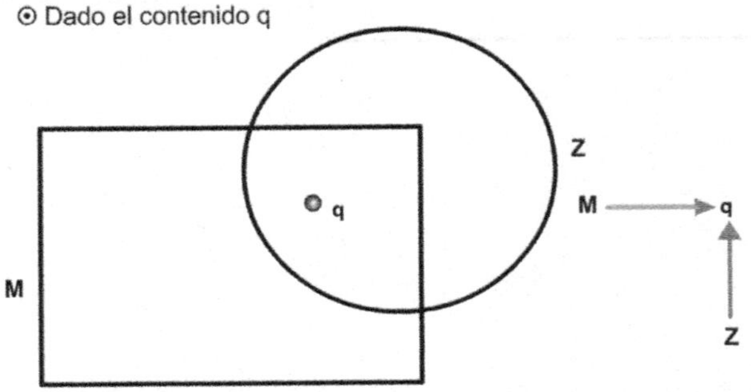

q toma un sentido ambivalente

Ejemplo II)

Elementos: Dos contextos en cruce, dos contenidos

- ⊙ Dado el contexto Z
- ⊙ Dado el contexto M
- ⊙ Dados los contenidos q y q1

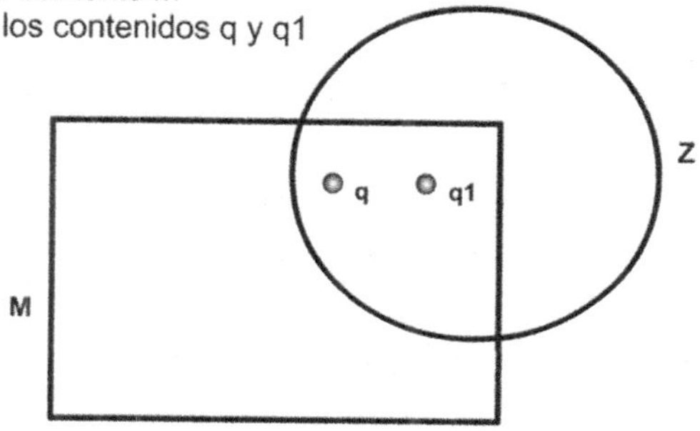

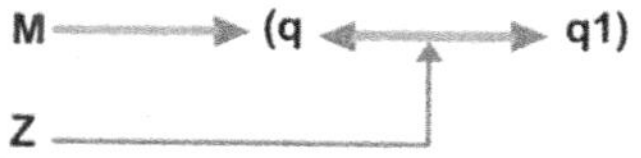

q y q1 toman sentidos ambivalentes

Ejemplo III)

Elementos: Dos contextos cruzados, tres contenidos

- ⊙ Dado el contexto M
- ⊙ Dado el contexto Z
- ⊙ Dados los contenidos q, q1, q2

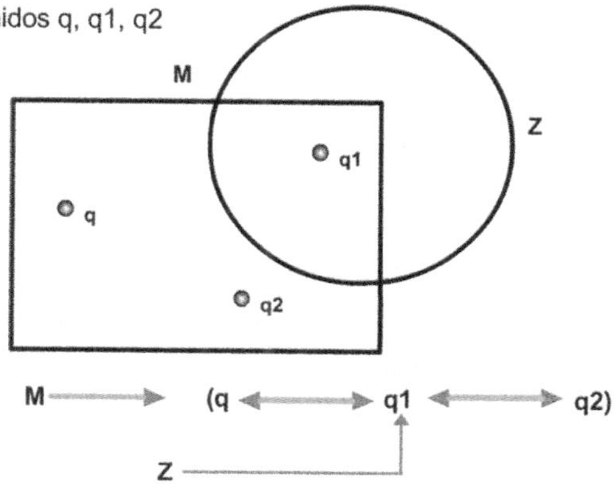

En el ejemplo III, el sentido que toman q y q2 está determinado por el Contexto M. Sin embargo el contenido q1 está determinado por M con una interferencia de Z, generando en q1 sentidos ambivalentes.

Contextos Abiertos y Contextos Cerrados

Contextos abiertos (-)
Contextos cerrados (+)

Un contexto es un conjunto o totalidad en el que ocurren dos estados, abierto y cerrado. De acuerdo con los principios (leyes de la lógica contextual), los contextos abiertos experimentan renovación, mas difícilmente se consolidan. Los contextos cerrados, por el contrario, tienden a consolidar, mas no experimentan renovación.

Un contexto se abre o cierra por diferentes causas:

1. Contexto abierto por declaración (-) ▲
2. Contexto cerrado por declaración (+)▲

3. Contexto abierto por confusión (-)▼
4. Contexto cerrado por fijación (+)▼

Los dos primeros son expresiones de una cultura que distingue e incluye la distinción de que contexto determina contenido, en sus relaciones conceptuales, en los procesos deductivos e inductivos, lo cual habilita a abrir o cerrar un contexto, congruente con la necesidad.

El tercero y el cuarto son expresiones de una cultura que al no distinguir lo anterior, en sus procesos racionales, imposibilita el cerrar un contexto por declaración explícita y en congruencia con un efecto buscado.

Imposibilita también el abrir contexto que se ha fijado, mismo que requieren renovación, plasticidad, convergencia, habiéndose enquistado en ortodoxias, causa de múltiples divergencias y complicaciones.

La actitud ortodoxa es producto del insuficiente conocimiento de algo. Cuando se profundiza, cuando se examina detenida y minuciosamente la naturaleza de una disciplina dada, investigando el proceso histórico que la conformó, es decir, en qué circunstancias, por quién y bajo qué marco referencial fue descubierto e incorporado cada principio, ley, concepto y teoría, que cronológica y gradualmente estructura la disciplina en cuestión, conduce naturalmente a distinguir el marco referencial que engloba a toda la disciplina, o sea, el factor contextual. Lo cual a su vez induce un giro: de contexto cerrado por fijación, a contexto cerrado por declaración, posibilitando luego a abrirlo por declaración.

Observando las relaciones entre contextos y contenidos anteriormente estudiadas, las relaciones contexto contenido claro y las relaciones contexto contenido con cruces, añadiremos ahora a esas mismas categorías el efecto de la variación (+) y (-).

Relaciones Claras Contexto-Contenido con Variaciones (+) y (-)

Ejemplo I

- Dado el contexto M (+)↓
- Dado el contenido **q**

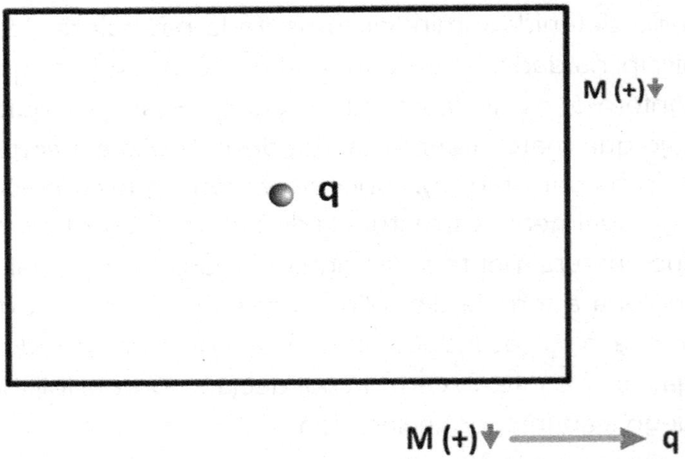

Léase: q tiene un sentido específico

Estructuras de Contextos

¿Qué es una Estructura?

Estructura es la disposición y orden de las partes dentro de un todo. La anterior definición, que parte del diccionario, refleja la aproximación a las estructuras, exclusivamente a través de la lógica formal.

Ahora bien, la lógica formal es una lógica lineal, cuantitativa, no es la herramienta adecuada para la comprensión, manejo y transformación de estructuras.

Dado que el proceso académico universitario se basa únicamente en dicho instrumento deductivo, esto ha generado un analfabetismo estructural generalizado.

Un analfabeta es aquel que no distingue el proceso a través del cual las letras al enlazarse forman palabras y estas, a su vez, integran estructuras lingüísticas con significados específicos. O sea es incapaz de leer o escribir.

Por analogía, un analfabeto estructural es todo aquel que no distingue que la estructura es la que da sentido a todo proceso, que sin estructura el proceso no tiene sentido. Que todo proceso simple o complejo está determinado por una estructura. Si no hay estructura no hay sentido en el proceso

Si la estructura es complicada el proceso tiende a ser errático confuso, ineficiente.

Si la estructura es clara y precisa el proceso tiende a la calidad, claridad y precisión. Un analfabeta estructural no está habituado a leer los estratos estructurales en un objeto de estudio dado. No distingue que en la estructura están las claves para la transformación cualitativa de algo.

Definición de Estructura

Partiendo de la definición oficial de estructura como la disposición y orden de las partes en un todo, al observar a través de la lógica contextual nos damos cuenta que no habilita ni a comprender ni a manejar estructuras.

Establece que estructura es la disposición y orden de las partes dentro de un todo, lo cual es exactamente al revés, puesto que contexto (el todo) determina al contenido, es éste el que determina el orden y distribución de las partes o contenidos.

La definición correcta de estructura sería: es el contexto que determina el orden, la distribución y forma de interactuar de los contenidos dentro de dicho contexto.

Estructuras de sentido

Contexto determina el sentido del contenido. Cuando varios contextos se vinculan se forma una estructura de sentido, en otras palabras un contexto determina al sentido del otro, que a su vez induce sentido a un tercero, conformando de esta manera una estructura de sentido complicada, compleja o simple.

Estructura de sentido y estructura son sinónimos puesto que ambos determinan el sentido de los contenidos dentro de dichos contextos.

Propósito:

Representar esquemática y simbólicamente a las estructuras de sentido, elaborando su fórmula correspondiente.

Convertir las fórmulas que representan estructuras de sentido complicado, en fórmulas de sentido complejo.

Categorías:

- Estructuras de sentido claro
  - Simple
  - Compleja
- Estructuras de sentido con cruces contextuales
  - Simple-----complicado
  - Compleja—complicado
- Estructuras de sentido con contextos abiertos (-) y contextos cerrados (+)
  - Simple
  - Compleja
  - Simple-----complicado
  - Compleja----complicado

Estructuras de sentido claro

Los esquemas, símbolos y fórmulas que representan a esta categoría son de un solo sentido, conforman modelos a seguir, por el hecho de formar una arquitectura de sentido fluida, congruente y funcional.

La estructura de sentido claro se subdivide en:

- Estructura de sentido claro simple
- Estructura de sentido claro complejo

Estructura de sentido claro simple

Este tipo de estructura está conformado por relaciones entre contextos y contenidos en un solo sentido y sin ramificaciones.

Ejemplo:

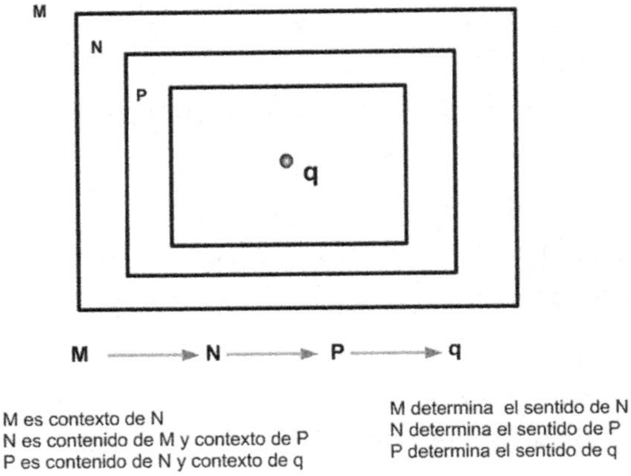

Estructura del sentido claro complejo

La conformación de esta estructura está compuesta por relaciones entre contextos y contenidos en un solo sentido y con ramificaciones.

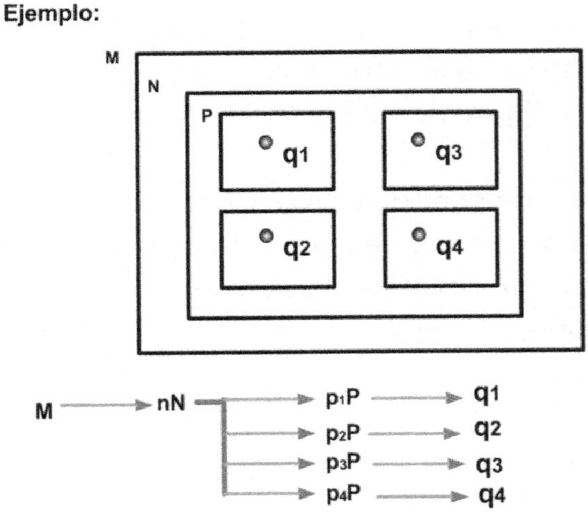

Estructura de sentido con cruces contextuales

Las estructuras de sentido de esta categoría presentan cruces contextuales, lo que implica una intersección en cada punto interferido por un cruce, lo que a su vez conforma una estructura de sentido complicada.

El grado de complicación es función directa del número de cruces.

Esta clase se subdivide en:

- Estructuras de sentido simple complicada
- Estructuras de sentido complejo complicada

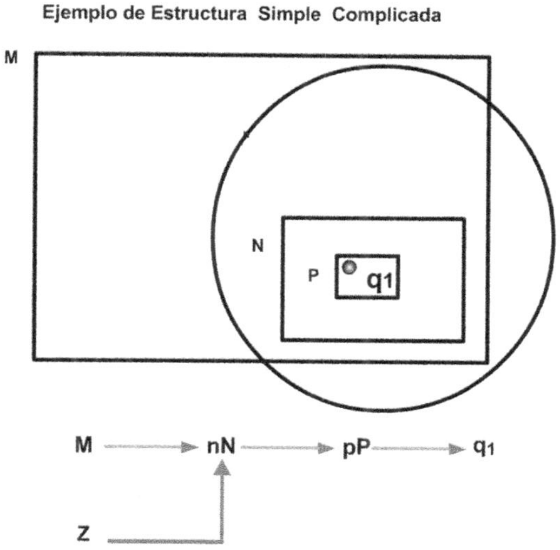

Estructura de Sentido Complejo Complicado

Son estructuras que presentan cruces y ramificaciones:

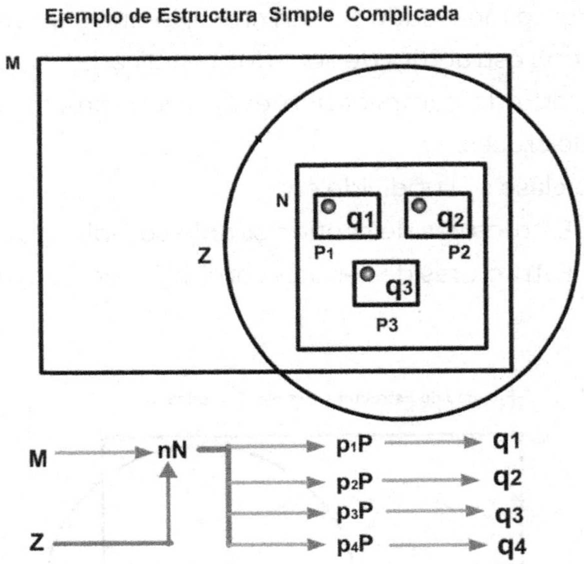

Lógica contextual aplicada

Como ya se mencionó anteriormente, la lógica contextual se divide en lógica contextual teórica (abstracta) y lógica contextual aplicada. La lógica contextual parte de distinguir, en toda aplicación dada, el contexto del contenido, o sea diferenciar el uno del otro para deducir cómo es que siempre el contexto determinará el sentido del contenido.

La lógica contextual aplicada parte de la siguiente línea causal.

Linea Causal de Toda Aplicaccion

Estructura → **Procesos** → **Resultados**

Los resultados de toda aplicación de esta lógica vienen de los procesos y los procesos a su vez son determinados por la estructura; en sentido inverso la calidad de la estructura determinará la calidad de los procesos y la calidad de los procesos a su vez a la calidad de los resultados.

Por ejemplo, la calidad productividad y eficiencia, o sea los resultados que obtiene toda organización, son función de sus procesos (procesos administrativos, procesos de comunicación, procesos operativos, proceso de mercadotecnia y venta, procesos financieros, etc).

Siendo la estructura la causa raíz, que moldea la calidad de los procesos, esta línea causa opera en toda aplicación, simple o compleja.

Otro ejemplo distinto al anterior establecería que los resultados de una línea de investigación son función de sus procesos y sus procesos a su vez de su estructura.

Así mismo, contemplado como totalidad, la calidad, los resultados que obtenga un centro de investigación, será función de esta misma línea causal.

Por lo que para transformar cualitativamente a una organización, a un proceso de investigación o a toda una cadena de procesos académicos que buscan un resultado, debemos comenzar transformando cualitativamente a la estructura.

La lógica contextual aplicada ha generado los siguientes marcos teóricos y tecnologías.

Tecnologías derivadas de la lógica contextual aplicada

La lógica contextual es un fino instrumento deductivo que ha demostrado de una manera objetiva, en términos observables y medibles, su poder para la innovación de lo que no existe y para el perfeccionamiento infinitesimal de lo existente.

Cito a continuación dichas tecnologías como una expresión actual y real del impacto que esta herramienta deductiva tiene.

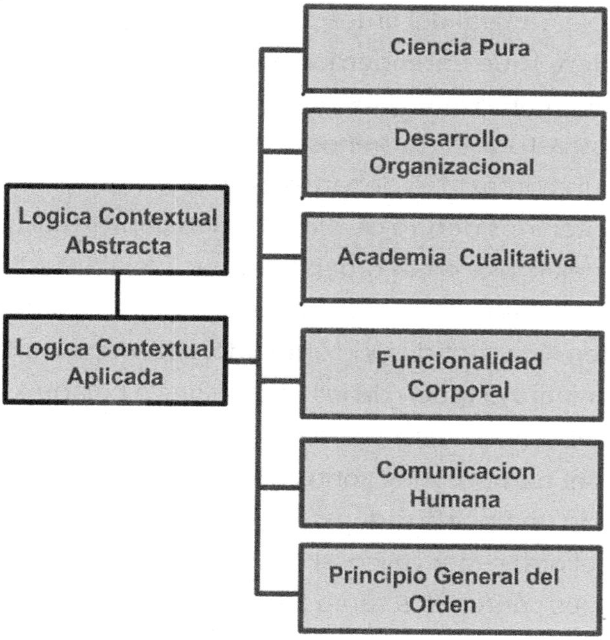

El esquema anterior sintetiza la trayectoria, a la fecha, de las aplicaciones de la lógica contextual y las tecnologías resultantes.

VI. Principio General del Orden

La primera ley de la lógica contextual postula que contexto determina sentido del contenido, por tanto, cambio contexto, cambio sentido del contenido, un contenido sin contexto es un contenido sin sentido (de ningún tipo). La lógica contextual es un fino instrumento deductivo estructural, por medio del cual podemos comprender el principio general del orden.

Orden, ¿que entendemos por ordenar? El diccionario lo define como la organización de elementos dentro de una estructura. En términos de la lógica contextual sería: dado un contexto, ordenar es el proceso que organiza a los contenidos dentro de dicho marco contextual.

Por ejemplo, en el orden alfabético, el contexto es el alfabeto y los contenidos son las palabras; como contexto determina sentido del contenido, el contexto, alfabeto, determinará el orden de los contenidos o palabras.

En el orden cronológico, el contexto es el tiempo, la línea del tiempo, y los contenidos serán los sucesos, generando un tipo de orden de sucesos secuencial.

En el orden jerárquico, el contexto es el grado de jerarquía y los contenidos serán los puestos de trabajo, determinando un orden jerárquico piramidal.

Lo opuesto al orden es el desorden o caos, el cual es función de la ausencia de marco referencial o contexto. Por tanto, los contenidos se asocian al azar, sin guía alguna, contexto determina sentido del contenido, cambio de contexto cambio de sentido del contenido, contenidos sin contexto, contenidos sin orden, igual a caos.

Cuando se pierde relación del contenido con su contexto

Analicemos qué ocurre cuando se pierde un objeto, en esta relación contenido contexto. Si cada objeto en mi casa tiene un lugar, para tomar y dejar, ese objeto en particular nunca se perderá, por el hecho de que ese contenido –objeto- tiene un contexto espacial fijo y definido, por tanto ahorro mucho tiempo y movimientos innecesarios en los procesos de tomar, utilizar y dejar dicho objeto.

Si por el contrario, tomo una herramienta y luego de utilizarla, cuando ya no la necesito y requiero otra, la dejo en un contexto espacio cualquiera que no registro y voy por otras prioridades; si no me detengo un momento para registrar en qué contexto espacial las dejé, cuando requiera nuevamente la herramienta específica mencionada, realizo muchos movimientos, en corte espacial, es decir, el espacio en relación a los procesos o movimientos registran corte.

Teniendo que revisar aquí y allá, en un estrés que va en aumento, porque normalmente está interfiriendo con una acción que está bloqueando.

Perder un contenido es perder el contexto en el que está, pues es el contexto el que da el sentido, en este caso la relación contexto (espacio) con el contenido (llaves).

De haberme detenido un momento, antes de soltar las llaves, para registrar en qué contexto o espacio las dejé, cuando necesite de ellas el contenido llaves evocará su contexto, mesa del comedor, y las encontraré en un movimiento directo.

Sin embargo, si cambio de contexto cada vez que suelte las llaves, aunque recuerde el contexto me puedo confundir de entre los diferentes contextos registrados, siendo lo más funcional un lugar fijo y una disciplina de no dejarlas en ningún otro lado.

El lector dirá qué simpleza, es obvio, sí de acuerdo, lo simple es anterior a lo complejo, como lo completo a lo incompleto, escribía Aristóteles en la escuela ateniense de la Grecia clásica. En función de estas simplezas, quien esto escribe se propone habilitar al lector a comprender y aplicar el **principio general del orden** en casos cada vez más complejos.

Principio General del Orden

La calidad, claridad y precisión de un ordenamiento dado es función del grado de ajuste entre el contexto y el contenido.

Ejemplo:

- Contexto **A** (edificio)
- Contenido **q** (llaves de auto)
- Proceso: Encontrar las llaves

A

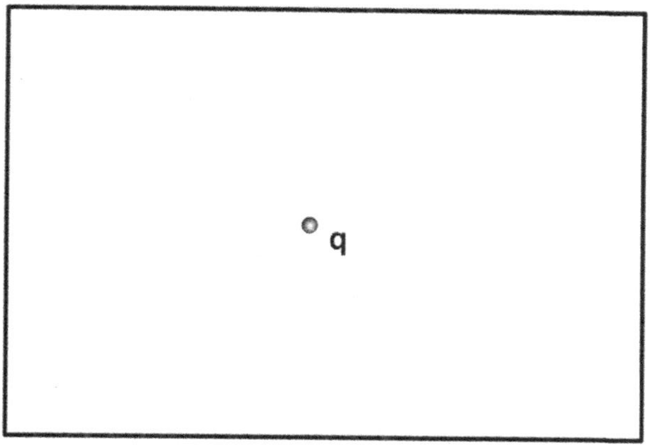

Sabemos que las llaves están en el edificio pero no hay marcos contextuales intermedios que guíen el proceso de encontrar las llaves, entre el edificio, contexto, y el contenido llaves. Por lo que habrá que recorrer todos los cajones, espacios de todos los pisos y oficinas del edificio hasta encontrar las llaves.

Ajuste 1 Contexto - contenido

- Contexto **A** (edificio)
- Contexto **B** (piso 4)
- Contenido **q** (llaves de auto)
- Proceso: Encontrar las llaves

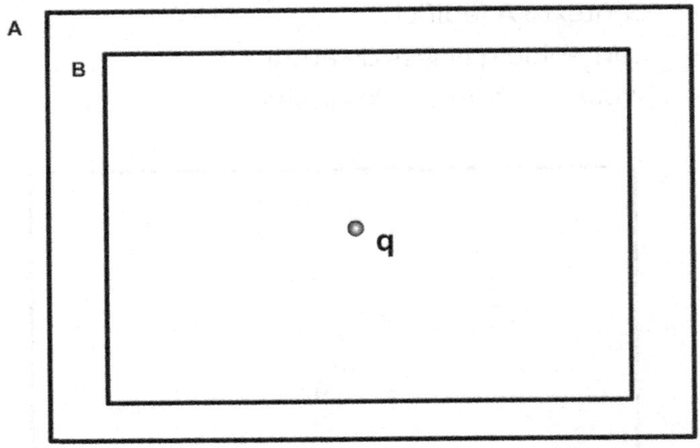

El proceso de encontrar las llaves, con el ajuste 1(contexto – contenido) mejora cualitativamente pues ahora una vez que localiza el edificio, procede directamente al piso 4, sin embargo tendrá que buscar en todas las oficinas de dicho piso, en todos los despachos, en todos los escritorios y en todos los cajones de cada escritorio.

Ajuste 2 Contexto - Contenido

- Contexto **A** (edificio)
- Contexto **B** (piso 4)
- Contexto **C** (Oficina de la empresa Bio-electric)
- Contenido **q** (llaves de auto)
- Proceso: encontrar las llaves

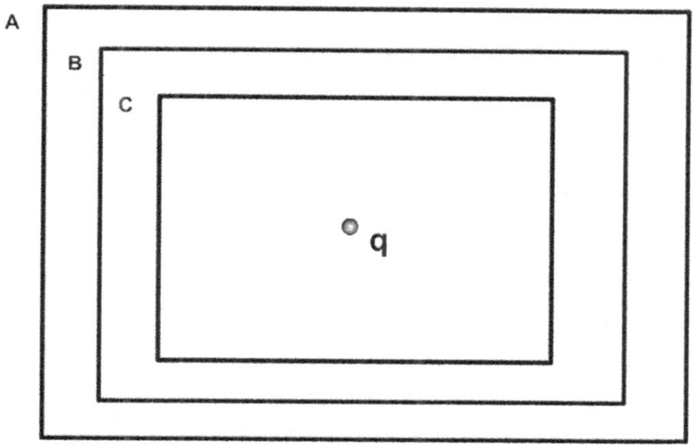

En el ajuste 2 (contexto – contenido) el proceso de encontrar las llaves evoluciona cualitativamente , pues ahora pasará del marco del edificio directamente al marco del piso 4, (B) dirigiéndose a la Oficina específica guiada por el marco C, sin embargo dentro de dicha oficina tendrá que buscar en todos los despachos, en todos los escritorios y en todos los cajones.

Ajuste 3 Contexto - Contenido

- Contexto **A** (edificio)
- Contexto **B** (piso 4)
- Contexto **C** (Oficina de la empresa Bio- electric)
- Contexto **D** (Oficina del Administrador)
- Contenido **q** (llaves de auto)
- Proceso: encontrar las llaves

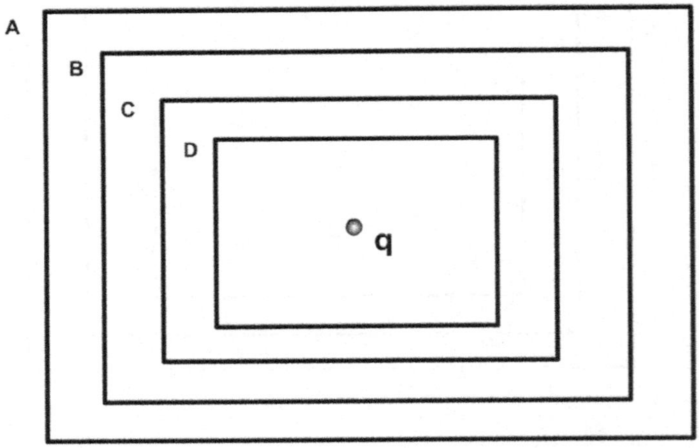

Postulando que el ajuste entre contexto – contenido determina la calidad, el orden en el siguiente ajuste (3), el proceso de encontrar las llaves irá directamente al edificio **A,** luego al piso 4 (B), posteriormente a la oficina de Bio-electric (**C**), para entrar, sin desviaciones al despacho del administrador (D). Sin embargo, una vez dentro del mencionado despacho, tendrá que buscar en todos los cajones de todos los muebles.

Ajuste 4 Contexto - Contenido

- Contexto **A** (edificio)
- Contexto **B** (piso 4)
- Contexto **C** (Oficina de la empresa Bio- electric)
- Contexto **D** (Oficina del Administrador)
- Contexto **E** (Escritorio)
- Contenido **q** (llaves de auto)
- Proceso: encontrar las llaves

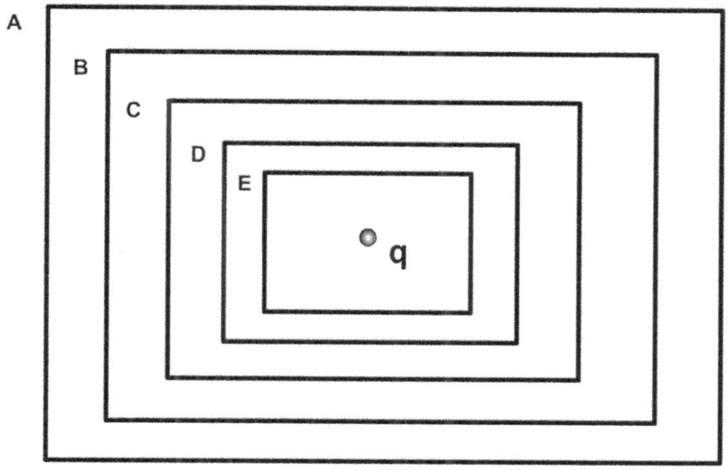

En el ajuste 4, el proceso irá directamente del Contexto A al contexto B, para luego ir al C y D, y finalmente llegar al contexto E escritorio, tendiendo que ver todos los cajones de dicho escritorio.

Ajuste 5 Contexto - Contenido

- Contexto **A** (edificio)
- Contexto **B** (piso 4)
- Contexto **C** (Oficina de la empresa Bio- electric)
- Contexto **D** (Oficina del Administrador)
- Contexto **E** (Escritorio)
- Contexto **F** (Primer Cajón)
- Contenido **q** (llaves de auto)
- Proceso: encontrar las llaves

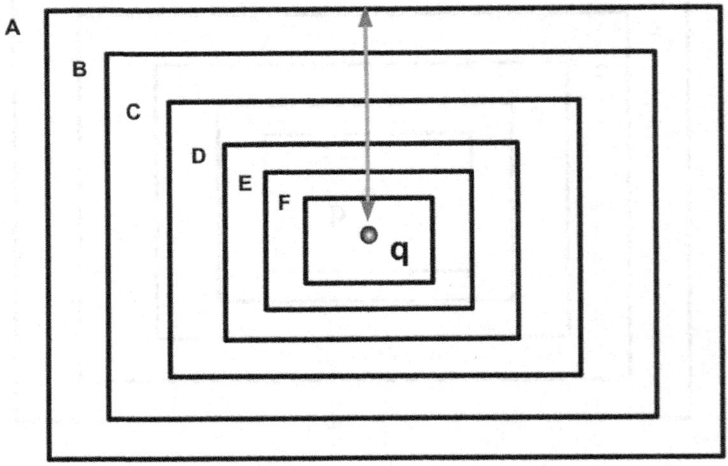

En el grado 5, el proceso de encontrar las llaves irá directamente de contexto en contexto, sin desviación alguna. El ajuste entre contexto y contenido puede continuar hasta el infinitésimo, es por tanto matemáticamente no superable.

De acuerdo a la lógica contextual, contexto mayor determina a contento menor, siendo el contexto menor contenido para el mayor y contexto para el inmediato inferior.

En el ejemplo simple anterior, un contexto determina a un solo contenido, que a su vez es contexto menor, formando una estructura simple de sentido, del contexto mayor al contenido. Recuerde el lector que todo es simple y complejo, mas no complicado y que lo simple deriva en complejo siendo lo complejo un tejido de elementos simples.

La siguiente ilustración muestra un orden complejo, como generalmente ocurre.

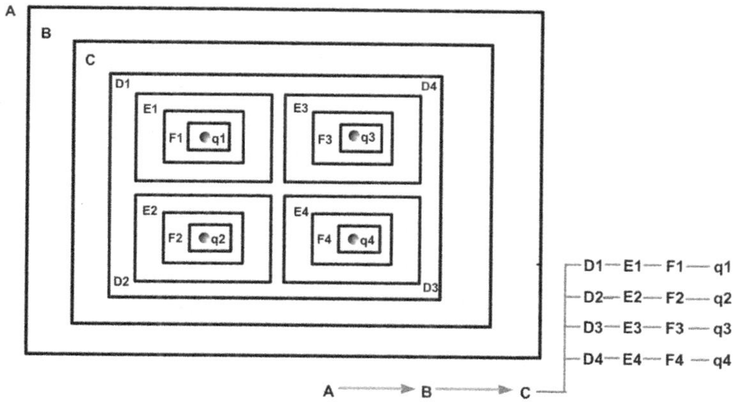

Si queremos encontrar a **q3** la ruta es **A…B…C…D3…E3…F3 q3**

Podríamos seguir el ajuste entre contexto mayor a contexto menor hasta una condición matemáticamente no superable .La matemática nace como concepto, con el cálculo infinitesimal, por lo que decir matemático es sinónimo de infinitésimo.

El grado de ajuste será función del propósito del proceso.

El principio anterior es utilizado por algunos software como Windows. El brinco cuántico del sistema operativo MS-DOS al Windows utiliza esta lógica intuitivamente, digo intuitivamente por la razón que se requiere la lógica contextual, para deducir los principios a ciencia cierta, siendo este instrumento deductivo patente de Elipxo Internacional, cuyo autor es quien escribe el presente texto.

Cuando usamos por ejemplo Google Earth y nos vamos desde el contexto del planeta hasta la casa específica, siguiendo una estratificación contextual del continente especifico, país específico, ciudad, colonia, calle y finalmente la casa o contenido **q** buscado.

La tecnología mencionada está siguiendo este principio consciente o intuitivamente. De hecho, si se utilizara esta lógica en el desarrollo de dichas tecnologías se puede llegar hasta la molécula, es decir la casa, luego, todos los contextos intermedios que existen entre la casa y un tabique, para proceder en la estructura interna del tabique hasta llegar al contenido molécula.

El Principio General del Orden, en la óptica y lógica de campos de Elipxo Internacional, posibilita lo anterior.

Todos utilizamos la energía eléctrica mas no todos comprenden los principios para generarla, transmitirla y distribuirla. Todos digerimos mas no todos comprenden los principios de la digestión.

Aristóteles, en sus textos clásicos, escribió: no consideramos conocer realmente algo, hasta no dar con las causas primeras y principios fundamentales que lo crearon.

Al comprender las causas primeras y principios fundamentales de algo, comprendes cómo se gestó y cuáles son sus posibilidades, su potencial de desarrollo y perfeccionamiento, así como el distinguir y corregir las incongruencias o interferencias de campo.

Aplicaciones del Principio General del Orden

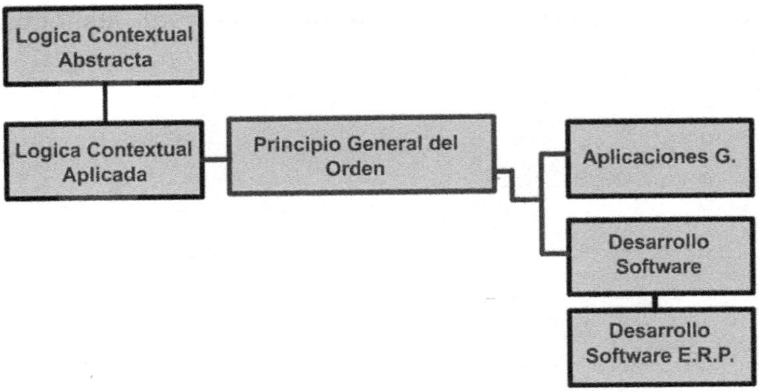

- **Aplicaciones Generales**
- **Desarrollo Software E-P-R**
- **Desarrollo Software E.R.P**
- **Aplicaciones Generales**

El Principio General del Orden tiene una gran diversidad de aplicaciones, posibilita crear un orden espacial y de procesos matemáticamente no superable, es decir infinitesimal.

Hemos aplicado dicho principio al ordenamiento de laboratorios, haciendo que los procesos sean cualitativamente mejor, por efecto de que los procesos son más fluidos, sin cortes, por tanto más eficientes entrando en ciclos de mejora continua.

Desarrollo de software

El laboratorio de Elipxo ha trabajado durante 10 años en la elaboración de una serie de software llamados serie ElipXo. Dicho software, que tiene el propósito de ser a toda organización lo que un sistema operativo lo es a toda computadora, es un software que conduce a las organizaciones a través de dos etapas:

La etapa 1. Llevando a la organización a la calidad productividad y eficiencia, estabilizando e incrementando su estado financiero.

Etapa 2. Conduciendo y alineándolo gradualmente a la mecánica planetaria, reconstruyendo, regenerando ecosistemas.

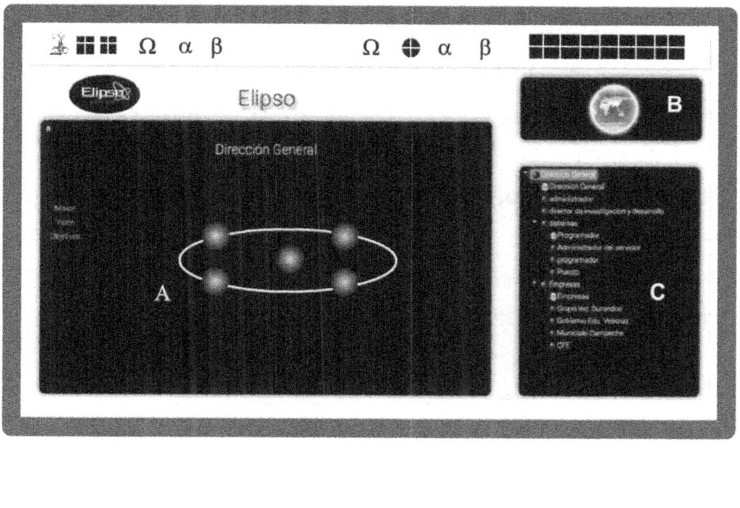

VII. Todo es Simple

Cuando una persona comprende e incorpora a su vida la lógica contextual, comienza a ver que todo es simple y complejo mas no complicado. Pues toda complicación es función del cruce de dos o más contextos en relación a uno o más contenidos.

Todo es simple y complejo mas no complicado, para comprender las anteriores aseveraciones es necesario **distinguir, diferenciar** tres conceptos: lo simple, lo complejo y lo complicado.

Lo simple viene de latín simplex, unitario, obvio, fluye por tanto es funcional.

Lo complejo no es más que la ramificación de lo simple, es decir es un tejido de elementos simples. También, como lo simple, fluye, por tanto es funcional, pues no se auto interfiere.

Lo complicado, del latín complicare, enredo**,** es el cruce de lo complejo, es **disfuncional** pues no fluye y tiende a auto interferirse, es confuso pues es una mezcla un enredo de lo complejo.

Todo inicia simple, como la metáfora del árbol que surge como un tallo brotando de la tierra, la estructura de este árbol poco a poco va evolucionando volviéndose cada vez más compleja. Esto es, de un tallo surgen dos, y a medida que sigue evolucionando de cada una de estas ramas surgen dos más, teniendo ahora el mencionado árbol, que representa metafóricamente lo simple y lo complejo, cuatro ramificaciones.

En la siguiente etapa evolutiva, de esta estructura surgen de cada uno de estos cuatro, dos, generando una estructura cuya complejidad estará formada en este punto por 8 ramitas.

A medida que la estructura, en su proceso evolutivo natural, se vuelve más y más compleja, en esa proporción directa existe la posibilidad de que se torne, que caiga en el error (por confusión) de la complicación, o sea del enredo de lo complejo. En la metáfora del árbol, de que las ramas se enreden.

Nuestra época actual ha caído en una condición de extrema complicación, por efecto de su proceso evolutivo, aunado al analfabetismo estructural que no para y solo tira para adelante.

Se observan relaciones humanas complicadas, sistema educativo complicado, organizaciones complicadas, relación con el medio ambiente complicado y contradictorio ¿Cómo es posible que una especie biológica destruya el medio que la sustenta?, esto se llama auto enredo, complicación, incongruencia, cuando una especie se auto sabotea, se auto interfiere y la auto interferencia es, a su vez, producto de la complicación (ver video en **Youtube**: Ciencia y Filosofía Elipxo).

La Complicación Académica

Desde niño, a pesar de mi pasión por la ciencia, la tecnología y la cultura en general, las obligaciones escolares me daban la sensación de cumplir rutinaria y mecánicamente, con algo que no tenía sentido claro, o lo había perdido, pero todos tenían qué hacer. Me sentía como repitiendo al ir a la escuela, las horas dentro de esta me producían la sensación de estar confinado, tanto en lo físico como en lo intelectual. Pues se premia al repetidor y se reprueba al innovador, se suprime la capacidad de descubrir, distinguir y crear, o sea para mí era como castigar al pez porque nada, al perro por que ladra o al gato por decir miau, iba contra mi naturaleza. En otros términos, una estandarización cerebral.

Me tardé muchos años en comprender que la academia es analfabeta estructuralmente hablando, complicando lo complejo, cuando una estructura se complica, pierde el sentido original. Cuando pasé a la secundaria comenzaron a impartir la física y matemática (ya había cursado aritmética), comencé a sentirme más feliz en esas horas, había algo interesante, sin embargo la forma de enseñarse era confusa, complicada, enredada y con miedo. Al investigar el proceso histórico de la matemática, siguiendo el hilo histórico de su proceso evolutivo, comprendemos claramente que esta ciencia es simple y compleja, mas no complicada. La academia ha caído en la complicación sin distinguirlo, es decir, no saben que han caído en la complicación.

El verdadero aprendizaje gozoso, intenso y real, era fuera de la escuela, percibía un sentido científico nato de observar, experimentar, establecer teorías, descubrir nuevas posibilidades, haciendo de mis lecturas preferidas los temas científicos.

Al revisar la historia de las revoluciones científicas, por cuál científico, en qué circunstancias fue formulado cada principio que conforma la estructura de la ciencia, se hace evidente que casi todos ellos tenían un grado universitario, una formación académica que les habría puertas al reconocimiento y al subsidio, pero que la aportación, la innovación, el descubrimiento no venían de la Academia sino de su autodidactismo, pues la academia es una ortodoxia que más que impulsar la innovación, la inhibe.

Al pasar a la fase universitaria decidí ingresar a la escuela superior de físico matemáticas, esperando encontrar aquí el templo de la ciencia, hallando, al ingresar a ella, que no había mucha diferencia y que el proceso académico de enseñanza aprendizaje, si bien versaba en temas muy interesantes, había caído en un grado de complicación de enredo extremos.

En la escuela superior de físico-matemáticas cursaba no con la intención de obtener un título sino en comprender la estructura de la físico–matemática, sin embargo el compromiso del maestro era cubrir un programa mecánicamente (para recibir un sueldo) y de los alumnos, motivados por el miedo, aprobar un examen y pasar al siguiente grado y así sucesivamente, para luego obtener un título y venderse a ver quién los compra y les dé sustento.

Pasaba del aula a la biblioteca en un intento de desenredar la confusión de los contenidos conceptuales, de las materias que los maestros impartían, descubriendo que lo que el maestro hacía era tomar elementos de libros de texto y derivarlos en los alumnos, un poco más mezclados y confusos que en el texto original, lo que a su vez me llevó a comparar textos de la escuela superior de físico matemáticas, a los textos de la torre de ciencias de la UNAM en la ciudad de México.

Encontrando que los mismos libros de texto estaban complicados estructuralmente enredados, que no hacían evidente la simpleza de la física.

La mayoría de los lectores han cursado en algún periodo escolar, primaria o bachillerato, la materia de la física. El 99% de las personas que he cuestionado a pesar de haber cursado uno, dos o tres años de esta materia, no comprendieron nada o muy poco.

¿Por qué?, no porque fueran tontos, no porque fuera difícil la materia que en sí es extremadamente simple, es por la complicación en que han caído los libros de texto, los programas académicos y por tanto el proceso didáctico de esta ciencia.

Es importante comprender que aprendemos por síntesis y que síntesis es la incorporación de un concepto dentro de una **estructura,** ahora bien, si la estructura está enredada los conceptos tienden a ser confusos también. Esto se le podría llamar **ceguera o analfabetismo estructural.**

La calidad académica, la cultura académica cualitativa, **todo se ve simple y complejo, mas no complicado**. Cuando se cae en la complicación disfuncional **se debe hacer un alto y regresar al origen estructural**. De lo contrario el enredo se vuelve exponencial, generando lo peor, **una visión, un paradigma, de que las cosas son así por naturaleza.**

Durante los 7 años que asesoré a la dirección general académica de una Universidad Tecnológica, con la intención de investigar la calidad del proceso académico, los principios que determinan la calidad del proceso Académico Universitario, nació el Modelo para la Transformación Cualitativa Universitaria.

Para lograr dicho propósito se formó un grupo élite, coordinado por quien esto escribe y compuesto por los académicos de la dirección y los subdirectores de carrera, de cada uno de los campus universitarios.

Sosteníamos reuniones tres veces por semana, el resto era investigación de campo con los maestros y alumnos.

Dado que la estructura de las ciencias exactas es más clara y precisa, cuestionaba a los maestros y alumnos acerca de estas disciplinas. Cuando le preguntaba a un maestro acerca de la estructura de la física o de las matemáticas que impartía a alumnos de ingeniería, él o ella me mostraban el programa académico, a lo que yo refutaba, no pido el programa académico, solicito la estructura de la materia que usted enseña en cada grado.

Todo derivaba en libros de texto que al revisarlos resultaban malas traducciones, monumentos a la complicación.

Después cuestionaba a los alumnos acerca de qué es la física, para qué sirve, cuál es su propósito, cómo está estructurada, etc. No comprendían el sentido de la física, ni de la matemática, a pesar de que estaban en el último semestre de la licenciatura de ingeniería. Habían aprendido a sobrevivir el examen, mas no a comprender el sentido claro y preciso de cada materia y por tanto de su carrera.

En paralelo, llevaba una asesoría a la Comisión Federal de Electricidad de México, una red nacional cuya misión es generar, transmitir y distribuir energía eléctrica en todo el país.

Los jefes de los departamentos de ingeniería, quienes contratan a los jóvenes egresados, me decían 'oye, tú que asesoras al instituto tecnológico y a otras universidades, se supone que vienen con una licenciatura y sin embargo llegan confundidos sabiendo prácticamente nada, es aquí donde gradualmente aprenden'.

Llegan con un enredo conceptual monumental y poco a poco van ordenando en la práctica algunos conceptos de esa montaña enredada (complicada) que adquirieron.

De donde viene todo lo anterior tiene un solo nombre, lo **complejo se convirtió en complicado.**

La investigación de las causas primeras y principios fundamentales de la calidad académica, durante los 7 años citados, derivó en la formulación del modelo cualitativo académico Elipxo.

Modelo que dará lugar a un libro que próximamente será publicado. El **MTCU** (Modelo para la Transformación Cualitativa Universitaria).

La Complicación Organizacional

Los empresarios no saben que no saben que manejan organizaciones con altos grados de complicación, y que por esta razón la organización diluye un significativo porcentaje del recurso, tecnológico, financiero y humano. Es decir, opera con un bajo potencial.

Reflexione el lector cómo es que todas las estructuras han evolucionado y siguen evolucionando continuamente, las estructuras automotrices, las estructuras urbanas, las estructuras del ferrocarril, de la aeronáutica, etc. ¿Por qué razón las estructuras organizacionales siguen sin evolucionar?, utilizándose en la actualidad todavía la estructura de Taylor y Fayol llamada organigrama, que fue formulada hace 100 años. ¿Por qué las organizaciones en la medida que crecen se complican, es decir, al crecer, crece con ellas el factor de enredo?

La Complicación en la Comunicación y Relaciones Humanas

Las relaciones humanas, parejas, padres hijos, amigos, socios, relaciones organizacionales (jefe, subordinado y viceversa), relaciones internacionales, operan en un alto grado de complicación y disfuncionalidad innecesarias.

Hemos crecido con la idea que los conflictos y enredos en las relaciones humanas, parejas, familias, grupos, organizaciones o naciones, es función de la naturaleza humana y de la vida, "así es la vida", se dice con resignación. Realmente el ser humano ha sido diseñado para vivir gozosa y funcionalmente consigo mismo y con los demás.

Si es así ¿cuál es la raíz de esta distorsión? Solo tiene un nombre: **complicación**.

La calidad de una relación humana ya sea con padres, hijos, amigos, socios, colegas, subordinados o jefe, es función directa de la comunicación. El problema es que confundimos hablar con comunicar, escuchar por interpretar.

En cierta ocasión preguntaron a Werner Erhard ¿cuál es el problema mayor del ser humano al relacionarse?, Werner respondió sin titubear, el pensar que lo que piensan es realidad.

El tomar los símbolos de la realidad por la realidad misma crea una gran complicación en las relaciones humanas. Observe el lector si las relaciones de pareja, de parientes, amigos y conocidos, son realmente funcionales, gozosas, armoniosas, observe si hay comunicación entre padres e hijos, reflexione ¿con quién realmente se ha comunicado desde que tiene memoria?

Claro, el nombre del juego es verte bien en sociedad, sonrisa al frente y otra realidad cuando la persona íntegramente se abre, expresando su frustración relacional, sentimiento de aislamiento, incomprensión, etc. Imagine el lector la siguiente metáfora, imagina que montas en tu auto para recorrer la carretera de las relaciones en la línea del tiempo, sin embargo confundes la imagen del frente con la imagen del retrovisor, confundes la interpretación de la realidad (reflejo) con la realidad que tienes en frente, imagina cómo será el recorrido, pues lleno de accidentes.

¿Tiene solución la enorme complicación de las relaciones humanas?, sí, por supuesto, pero requiere de una reingeniería ontológica profunda. Aplicando la lógica contextual, conectando al origen y transformando lo complicado en complejo fluido, funcional, gozoso.

El laboratorio de Elipxo ha creado una tecnología específica para este fin.

La visión de la vida como complicada

Hemos recibido generación tras generación, a lo largo de la línea del tiempo que comprende miles de años, el que la vida es complicada, por tanto la vida es sufrimiento, la vida es esfuerzo, es lucha, es en síntesis un drama.

La realidad es que la vida **es**, **punto, y** nosotros la hacemos complicada, dificultosa, o la podemos hacer simple y compleja funcional y gozosa. Pero tenemos la desventaja de haber recibido cientos de años de información que tienden a la complicación, y lo peor de esto a pensar que es la condición natural, o sea que no queda más que la resignación.

Nuestra vida está compuesta por relaciones, relación con nuestro cuerpo, relación con otras personas, relación con el medio ambiente, relación con objetos. Si tomamos cada una de estas relaciones por separado que en conjunto forman nuestra vida, podemos distinguir que es cuando se complican que no funcionan, y que se pueden transformar en complejas y simples pues es el origen natural en que deben de funcionar.

Recuerde el lector que la materia prima revuelta se convierte en basura y, a la inversa, la basura separada se convierte en materia prima, lo que significa que cuando lo complejo se complica se convierte en basura y que cuando lo complicado se convierte en complejo se transforma en funcionalidad, flujo

Un científico catalán definió felicidad acertadamente como flujo, cuando fluyes te sientes feliz, y cuando todo es simple y complejo fluye, por tanto se da un sentimiento innato de gozo, felicidad y conexión.

Todo aquello que llamamos problema es un tipo de complicación, si distingues la estructura que está determinando dicho enredo, deshilando lo complicado en complejo y lo complejo en sus elementos simples constitutivos, el problema desaparece y todo regresa a su condición original de flujo y funcionalidad, abriendo posibilidad para un mejoramiento.

VIII. Ciencia de la Calidad

El propósito del presente capítulo es conducir al lector en el mundo de lo cualitativo, investigar qué es eso llamado **calidad,** donde hay tantas definiciones como definidores. Esta investigación primero nos llevará a comprender que no hay una definición general y satisfactoria acerca de la calidad, que solo existen definiciones en función de resultados que la calidad produce, la razón de esto es que no se ha formulado científicamente lo que es la calidad como fenómeno.

Para definir científicamente y demostrar el fenómeno llamado calidad, iniciemos nuestra deducción con base en las definiciones acerca de la calidad que son enunciadas por los expertos en el tema.

Ejemplos:

Real Academia de la Lengua Española

- Calidad es una propiedad o conjunto de propiedades inherentes a una cosa, que permiten apreciarla como igual, mejor o peor que las restantes de su especie.

Ahora las definiciones de los Maestros (Gurús) de la Calidad

- Philip Crosby: Calidad es cumplimiento de requisitos.
- Joseph Juran: Calidad es adecuación al uso del cliente.

- Armand V. Feigenbaum: Calidad es satisfacción de las expectativas del cliente.
- Genichi Taguchi: Calidad es la pérdida (monetaria) que el producto o servicio ocasiona a la sociedad desde que es expedido.
- William Edwards Deming: Calidad es satisfacción del cliente.

Lo anterior representan los efectos de lo cualitativo, pero no dicen nada acerca de sus principios, lo que es similar al definir a la electricidad por sus efectos. Electricidad es foco prendido, electricidad es un pan tostado, electricidad es una televisión emitiendo imágenes, electricidad es un radio emitiendo sonidos.

Eso no es la electricidad, esos son los efectos de la electricidad. Comprender a la electricidad es dar con las causas primeras y principios fundamentales del fenómeno eléctrico.

Si no se da con los principios y causas primeras del fenómeno eléctrico, no se puede generar, transmitir y distribuir en toda una población. El principio de la electricidad del flujo eléctrico, es función de un conductor cortando un campo electromagnético, lo cual generará flujo eléctrico, en dicho conductor. Este es el principio científico del fenómeno eléctrico, lo cual puede diseñar ecuaciones y mediciones, lo que a su vez posibilita crear tecnologías precisas para producir, transmitir y distribuir energía eléctrica en una población.

De la misma forma, si no damos con las causas primeras y principios fundamentales que están detrás de todo fenómeno cualitativo, solo hablaremos de sus efectos y cada cual tendrá una definición divergente de lo que esto es. Estando imposibilitados a generar un modelo de transformación cualitativa organizacional científica que siempre funcione.

En este capítulo nos proponemos no solo definir científicamente la calidad, los principios que están detrás de todo fenómeno cualitativo, sino también formular su expresión matemática, lo cual nos habilitará a construir un modelo organizacional eminentemente cualitativo. Por lo cual entramos en la Ciencia de lo Cualitativo.

Ciencia es el conocimiento de las cosas por sus principios y causas primeras, conocimiento que se verifica experimentalmente en términos observables y medibles, generando condiciones de si siempre, siempre que se aplica, funciona.

Ejemplo:
Si se calienta el agua a 100 grados siempre hierve, si soltamos un cuerpo de masa **m** este siempre cae a una velocidad de 9.81 metros segundo cada segundo, etc.

Dados los principios de la transformación cualitativa de toda organización**:**

Estructura → **Procesos** → **Resultados**

Definición científica de la calidad

La calidad de un producto o servicio (R) es función directa de la calidad de los procesos que generan dicho producto o servicio (P), a su vez, la calidad de los procesos son función directa del grado de ajuste entre la estructura (E) y el propósito de los procesos.

Es decir, como la estructura moldea la calidad del proceso, y dado que los procesos tienen un propósito, el grado de ajuste entre lo primero y lo segundo determinará el grado cualitativo.

Puesto que los resultados cualitativos (satisfacción del cliente, adecuación al uso del cliente, cumplimiento de requisitos, satisfacción de las expectativas del cliente, etc) partiendo de las definiciones de la calidad de los gurús antes mencionados, y dado que dichos resultados son función de los procesos que los generan, si una organización establece con claridad y precisión los estándares cualitativos como propósito de los procesos , el grado de ajuste entre la estructura y estos determinará el grado cualitativo como resultado a obtener. Dicho grado de ajuste es infinitesimal, por tanto matemáticamente no superable.

Lo anterior es experimentalmente comprobable. Lo cual requiere:

1. Un claro conocimiento de los principios de la transformación cualitativa de toda organización que se tratan en el presente texto.
2. Una clara y precisa definición de los estándares de calidad que se quieren producir. El modelo llevará a dichos resultados y al poco tiempo los superará.

No es necesario para el lector, no afín a las abstracciones matemáticas, comprender la demostración matemática. Por esto, primero lo deducimos a través de lenguaje escrito y luego, lo mismo, en lenguaje matemático.

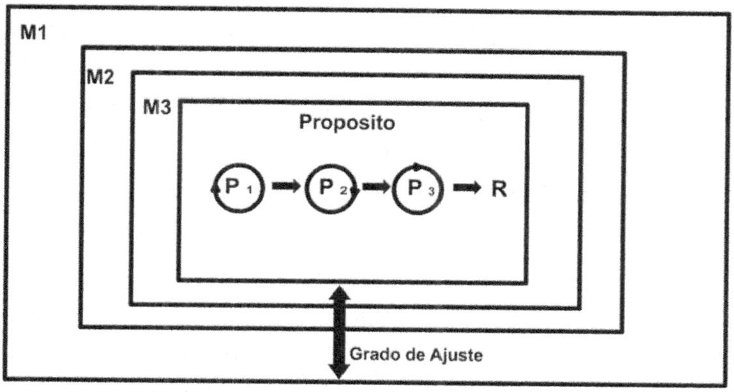

Grado de ajuste entre M.1 M.2 M.3 y el Proposito de P1 - P2- P3 = Calidad de de R

IX. Código de Coordinación Lingüística

Todo proyecto está conformado por una serie de objetivos planificados, objetivos que se realizan por medio de procesos en el espacio y el tiempo, dichos procesos parten de la coordinación del lenguaje.

Sin lenguaje, sin el código lingüístico numérico, no podríamos haber construido una cultura sociedad civilización, sin lenguaje no tendríamos más tecnología que una cueva, un garrote y gruñidos.

Todo proyecto debe contener estructura, procesos, que van encaminados a generar resultados en la línea del tiempo, todo ello coordinado por medio del lenguaje.

La calidad, eficiencia y puntualidad en la realización de todo proyecto, es función directa de la coordinación del lenguaje.

Imagine el lector dos islas en el océano, separadas por cientos de millas de distancia sin contacto alguno una con la otra. Llamémosle Isla **A** y Isla **B**.

Las dos islas serán pobladas por seres humanos con las mismas condiciones étnicas, genéticas, raciales, es decir la misma exacta biología.

La diferencia que existirá entre el grupo de la isla **A** y el de la isla **B** será su formación cultural, en un área específica, en el cómo utilizan el lenguaje, el código lingüístico, los unos en relación a los otros.

La isla **A** poseerá pocos recursos naturales, llegarán con poca tecnología, sin embargo dicho grupo tendrá una formación específica en relación al manejo y coordinación del lenguaje, los unos en relación a los otros, en base a un código claro, preciso, funcional y en 0 cortes, código compartido e íntegramente seguido y respetado por todos.

Cuando alguien formula una petición a otro para coordinar una acción, la persona que lo recibe dice sí o no y cuando dice sí, cumple en el tiempo exacto prometido, o revoca a tiempo. En caso de tener un imprevisto, revoca declarando no la haré en el tiempo X, lo haré en el tiempo x.1, en respeto a cada minuto del tiempo de su receptor o sea la persona con quien se comprometió, formando cadenas de coordinación en 0 cortes, 0 incumplimientos, teniendo una gran capacidad de realización.

Las condiciones en la isla **B** son de mayor abundancia en recursos naturales, se les proporcionó más tecnología para comenzar desde su arribo a la mencionada isla, sin embargo el grupo **B** adolece de una formación cultural lingüística, la que tienen es inapropiada, un manejo del lenguaje que los lleva a generar cortes en los procesos, cuando uno le pide al otro, el otro le dice sí, sin embargo no especifica cuándo será cumplido y las condiciones de satisfacción.

Le dice luego, lo vemos después, cuando se comprometen no cumplen a tiempo y no cuidan el corte que generó su incumplimiento.

Cuando generan cortes, incumplimientos, lo suplantan con buenos pretextos siempre, tomándolo con la mayor frescura como sustituto.

El manejo espacio tiempo en forma de lenguaje es ambiguo: ahorita, luego, después lo vemos, nos llamamos, déjame verlo y te llamo, todo queda suelto en horizontal.

Cuando dicen sí, que implica un compromiso a un cumplimiento en un tiempo específico, pasado el tiempo acordado y al no saber de la persona que dio el sí, o sea que activó un proceso hacia un resultado a cumplir, tienes que buscarlo, como a un niño que no asume, al mismo tiempo que ni siquiera le puedes reclamar su incumplimiento por que lo toma personal, tal como lo hace un infante.

Es una cultura infantiloide que cumple solo en la vertical hacia arriba o sea que el subordinado cumple con el jefe, pero genera múltiples incumplimientos a su mismo nivel y muchos más hacia sus subordinados. Lo cual a los jefes les dé la ilusión de que en su isla la gente es cumplida.

Luego de aproximadamente 10 años la isla **B** importa tecnología y recursos de la isla **A**, se han acabado con los recursos naturales, a pesar de la abundancia inicial, existe pobreza, dependencia caos e inseguridad.

Por supuesto que hay muchos otros factores que entran en juego y dado que contexto determina contenido, depende del contexto a través del que observa, quién observa, que determinará la óptica de cómo observa, lo que a su vez determinará el proceso deductivo.

Sin embargo, si el contexto a través del que investigamos es el de buscar la causa primera, encontraríamos que es el factor lenguaje y cómo se utiliza este en un grupo de seres humanos dado.

Escribió Aristóteles, científico y filósofo Griego 380 A.C., en la escuela peripatética ateniense, lo simple es anterior a lo complejo, como lo completo a lo incompleto, si comprenderemos un modelo simple, en función de éste comprenderemos uno complejo.

Si reproducimos lo anterior en un grupo de seres humanos pequeño en condiciones aisladas como las mencionadas anteriormente, comprobaríamos experimentalmente lo anteriormente citado.

Ahora bien, las organizaciones, definiendo a una organización como un grupo de seres humanos con un propósito en común, están muy complicadas, enredadas, y cuando buscan la mejora, la transformación cualitativa o simplemente la sobrevivencia, acuden a la mezcla, más métodos, más tecnologías, más de eso más de aquello.

Si el código de coordinación no se estabiliza en 0 cortes no importa cuánto o en qué inviertan, éste se diluirá.

¿Cómo establecer el Código de Coordinación Lingüística?

El siguiente código de coordinación debe establecerse en cada nivel de la organización, para con ello formar una cultura de coordinación que constituye el proceso central, estabilizador, es por ello que aparece como el primero en la lista de procesos de cada puesto.

Cuando la organización, que aplica el presente modelo de transformación cualitativa empresarial, pasa a la fase 3 donde se establecen objetivos cualitativos y cuantitativos, en dicha fase se induce el **objetivo cualitativo 1, de 0 cortes**, en la cadena de procesos de la organización, lo cual es absolutamente posible, al aplicar el presente código de coordinación.

La organización una red lingüística

Toda organización es en esencia una red lingüística, o sea, es por medio del lenguaje que se activan los procesos, en cualquier organización, conformando el proceso central, el proceso eje, aquel proceso que activa a la cadena de procesos, hacia los resultados. Fernando Flores (eminente lingüista chileno) luego de estudiar minuciosamente a su vez al eminente lingüista alemán Martin Heidegger, distingue que el proceso central de una organización es de carácter lingüístico y que está compuesto de dos signos opuestos complementarios **Petición – Promesa.**

En toda organización es el código lingüístico – numérico el que mueve todo el engranaje de procesos. Al seguir retrospectivamente la cadena de procesos, encontraríamos que el proceso eje, el proceso central, el primer proceso que activa la cadena de procesos, es de carácter lingüístico.

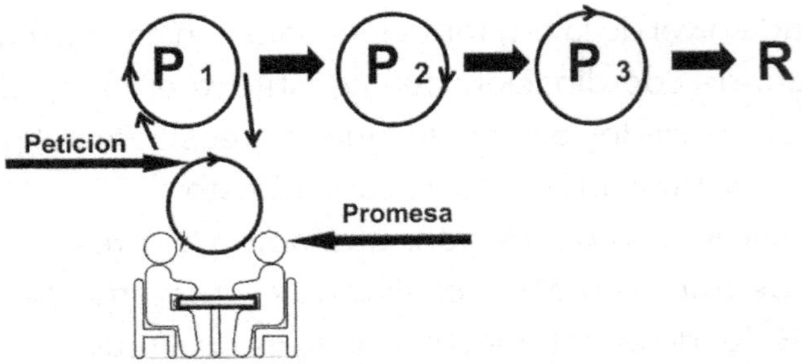

El resultado viene, por ejemplo, del proceso 3, que a su vez viene del proceso 2, que viene del proceso 1 y éste se activa por medio de una conversación compuesta por dos signos lingüísticos opuestos complementarios, **Petición – Promesa.**

Es decir, si una persona formula una petición a otra, la que recibe la petición tiene dos opciones **Sí** o **No**. El No cierra, no activa un proceso, sin embargo, el Sí conlleva una promesa de cumplimiento al activar un proceso, o serie de procesos.

Estos signos lingüísticos opuestos complementarios conforman lo que llamaremos **conversación proceso**, porque es una conversación, es decir es lenguaje y proceso, porque activa el primer proceso en la cadena de procesos hacia los resultados.

Es importante distinguir que si este proceso central tiene cortes, (ver diseño de un corte) estos se propagan en toda la cadena de procesos, es decir, si no se estabiliza el proceso central no se estabilizarán los procesos que activa en cadena hacia un resultado específico.

Siendo la ecuación:

$$Y = f(X)$$

Es decir, las variaciones de los procesos **Y** son función de las variaciones de los procesos **X.** Si no se estabiliza **X** no se estabilizará **Y.** Siendo la variable dependiente **Y**, la independiente **X.**

A este proceso central, proceso que activa a los demás procesos, le llamaremos proceso **X.1 (Px.1)** y aparece como el primero en la lista de procesos asignados a cada puesto.

La Conversación Proceso (PX.1)

En el modelo para la transformación cualitativa organizacional, llamamos conversación proceso al proceso lingüístico que activa el proceso central al proceso eje.

La tecnología lingüística presente fue diseñada por Fernando Flores partiendo del estudio del eminente lingüista alemán Martin Heidegger, que sin embargo es muy abstracto para llevarlo a la práctica organizacional. La capacidad de simplificación y síntesis de Flores permitió diseñar lo que él llama conversación para la acción, pues postula que todo lo que pasa en una organización parte de esta conversación.

Fernando Flores se asocia con Werner Erhard y forman una empresa llamada Hermenet, cuyo propósito es dar las distinciones lingüísticas clave para transformar a las organizaciones.

Más tarde, Santiago Sucarrats Dañobeitia como alumno de Werner Erhard, adapta la conversación proceso al modelo de Transformación Cualitativa, llamándolo conversación proceso, pues es la conversación que activa al proceso eje, al proceso central en toda organización.

Diseño de una Conversación Proceso (Px.1)

El diseño de una conversación proceso contiene los siguientes elementos: Petición, descripción de la petición, tiempo de realización.

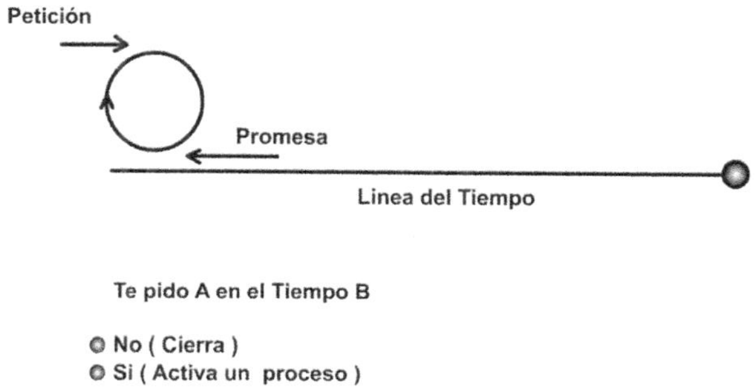

Hasta este punto es solo una conversación horizontal, ni se ha abortado ni tampoco se ha activado.

Por lo que hay que esperar el **S**í o el **No** de la otra persona, de lo contrario es solo una conversación horizontal, es decir solo describe.

Para que se active un proceso, se requieren el par de opuestos complementarios, es decir dado un contexto, el enlace de los opuestos complementarios activará un proceso, en función de dicho contexto, pues contexto determina sentido del contenido.

En el contexto biológico, los opuestos complementarios óvulo – esperma, activarán el proceso de desarrollo del feto. En el contexto atómico molecular, el protón requiere de su opuesto complementario electrón, para de esta forma activar el proceso atómico molecular. En el contexto del modelo socioeconómico del mercado, oferta – demanda, activa a la célula de dicho modelo, la mercancía.

En el contexto del lenguaje, la petición requiere de su opuesto complementario, la promesa, para así activar un proceso.

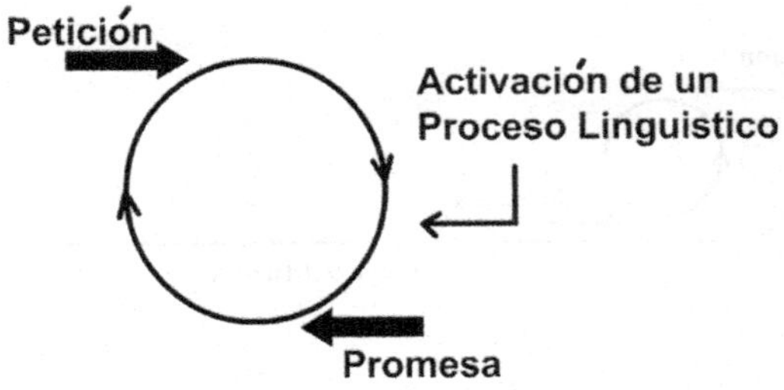

La petición

La petición es un signo lingüístico que al declararlo abre la posibilidad de generar un proceso. El diseño de una petición se compone de: 1) Descripción, 2) Tiempo de cumplimiento, 3) Condiciones de satisfacción.

La promesa

La promesa es un signo lingüístico que al declararlo abre y activa un proceso específico, la promesa se compone de: 1) Declaración de cumplimiento, como sí, o de acuerdo o vale, o cualquier modalidad de ésta, 2) Condiciones de satisfacción.

Una petición requiere un **Sí** o Un **No** de la otra parte, si la otra parte no dice nada, no es una conversación proceso es una conversación horizontal (no activa ningún proceso), el proceso se activa, se fecunda o cierra cuando la otra parte dice **No** (cerrado, proceso abortado) o **Sí**, en el momento que se declara SI, se activa un proceso a un tiempo.

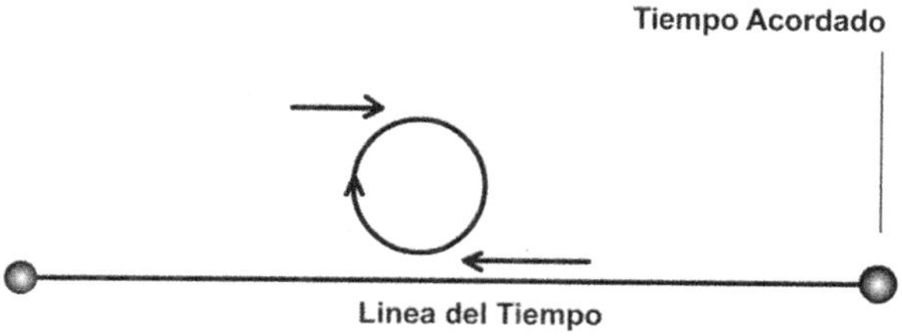

Revocación

Ante un imprevisto que surja, y dado que la persona se comprometió a una petición específica, lo indicado es revocar, para evitar el corte (incumplimiento**).**

Diseño de una revocación

- Me comprometí a hacer A en el tiempo B
- No lo haré (cerrado)
- Lo haré en el tiempo B-2

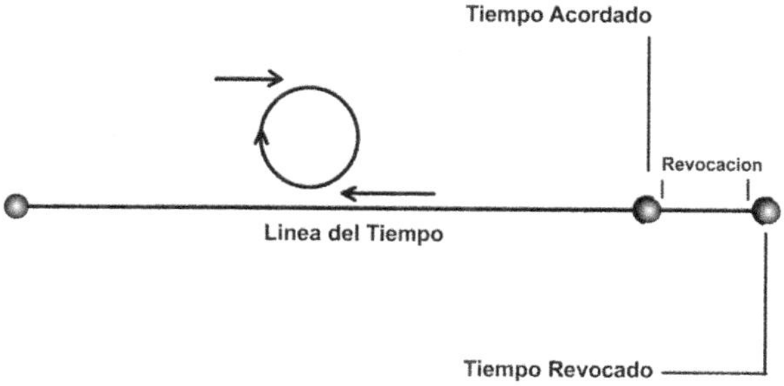

La revocación es un mecanismo lingüístico, un código que se establece para evitar **el corte** ante un imprevisto. Quien revoca debe hacerlo con antelación, para que la otra parte retome la extensión del tie**mpo, sin ocasionar un corte en la cadena de procesos.**

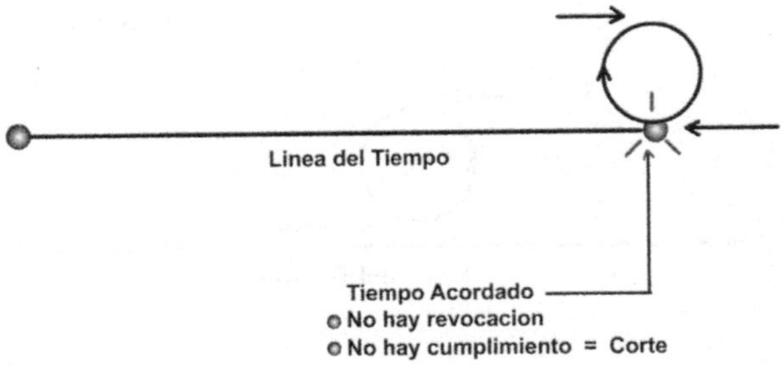

1.1) Corte

Cuando el tiempo acordado terminó y la persona no se ha reportado, y no ha revocado, implica un **corte** en la cadena de procesos, lo cual afecta a toda la organización. **El MTCO** establece una cultura de **0 cortes**, por medio de un proceso formativo en cada órbita.

Un corte no sólo interrumpe el proceso por cumplir, sino que al estar la organización engranada, es decir existen cadenas de procesos, si se afecta uno, se afecta toda una serie en mayor o menor medida.

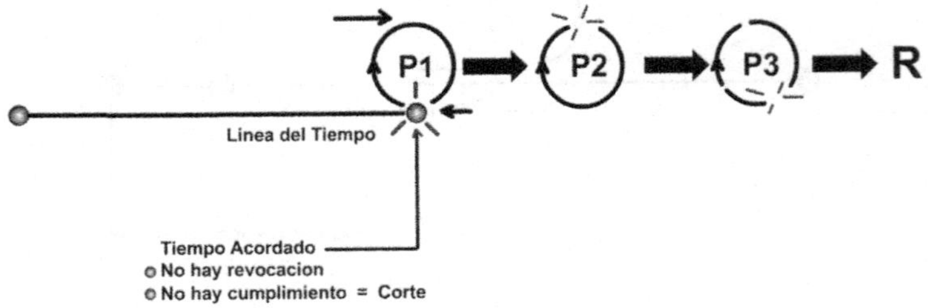

1.2) Reclamo

Del latín reclamare, prefijo de articulación verbal, antepuesto al verbo significa reiteración. En el contexto de la cultura de coordinación reclamar es retomar el compromiso que cortó el flujo del proceso declarando su incumplimiento.

Ejemplo genérico:

- Prometiste A en el tiempo B ... No has cumplido

El reclamo es la posibilidad de:

- Reconstruir el proceso interrumpido
- Reconstruir la credibilidad con la persona responsable
- No quedarse resentido

Reléase lo anterior, no se confunda el reclamo con el regaño, o el juicio, es decir ni el uno ni el otro funcionan. El reclamo es una reconstrucción de lo que quedó suelto, por medio de preguntas no de juicios.

Diseño de un Reclamo

- Descripción de la promesa en el tiempo acordado
- Declaración del incumplimiento (corte)
- Declaración de la afectación que ocasionó el incumplimiento
- Formulación de una nueva petición Sí o No

Consecuencias del no reclamar

Si no reclamo ante un incumplimiento, se forma una cultura ambigua, una cultura del 'hay se va'. Lo cual tiene un efecto de bola de nieve, generando nuevos incumplimientos o cortes, desarticulando al sistema organizacional. El resultado es una organización con bajos estándares de desempeño.

Perdiendo

- Confianza
- Credibilidad
- Fuerza
- Coordinación

Acumulando

- Resentimiento
- División
- Fragmentación

1.3) El Sí y el No

El **Sí** y el **No** son signos lingüísticos opuestos complementarios, es decir se contienen dialécticamente, lo que quiere decir que el uno es función del otro, como el más del menos, la multiplicación de la división, la expansión de la contracción, etc.

Un espacio cultural inmaduro interpreta el No como un rechazo personal, por el contrario, una cultura madura interpreta el No como fuerza, carácter y compromiso con promesas anteriores.

Por lo que una persona que no sabe decir **No,** carece de valor su **Sí**.

X. La Nueva Mecánica Financiera

Las nuevas finanzas y el agua

En el planeta tierra existen dos mecánicas. En física se entiende por mecánica al estudio de cómo cambia con el tiempo la posición de un cuerpo en el espacio, o sea el estudio del movimiento en la línea del tiempo. Estas dos mecánicas, en términos globales, son dos: la mecánica del agua y la mecánica financiera.

Analicemos la mecánica del agua, como lo hemos visto anteriormente, lleva la información de BIOS, la información para crear, nutrir y regenerar estructuras de vida.

La molécula del agua, que fluye en los ríos y mares, es como la savia en el reino vegetal, o la sangre en el reino animal, y por tanto en el ser humano. La sangre y la savia llevan la información por medio del agua. Es el agua, el común denominador, el nexo que conecta a todo lo vivo.

Es decir, la savia sin el agua es completamente estéril. Lo mismo la sangre. La molécula del agua tiene la capacidad de captar y llevar información a las células tanto vegetales como animales.

Luego de mi separación matrimonial, tuve una relación con una chica parisina, quizá el intelecto más agudo que he conocido. Ella, como yo, tiene tres hijas. El fin de semana encargaba a las hijas a su ex marido y nos pasábamos el fin de semana en mi departamento. Solíamos acostarnos temprano con un cañón proyector entre ella y yo. Examinamos teorías con fascinación complementaria.

Ella revisaba y cuestionaba mi proceso de investigación, en la naturaleza de la ciencia, la estructura de las revoluciones científicas, cómo se fueron fraguando los principios que conforman la ciencia normal actual.

Distinguiendo que hay varias formas de descubrir algo, dependiendo del hemisferio cerebral que utilizas en la observación y experimentación. Por ejemplo, ella sostenía que en la cultura global actual solo se valora lo que esté explicado lógico–analíticamente. Sin embargo, hay una forma directa de descubrir que no está sujeta al análisis o es difícil de hacerlo.

Caminando temprano al día siguiente, por la vereda de un rio de agua cristalina y muy fría, buscando una poza profunda donde pudiéramos nadar, de pronto me dice "Santi, ¿no has comido una fruta en su árbol? Respondiendo, sí, manzanas, peras, ciruelas. A lo que ella reitera ¿en el árbol o las cortas y las comes? La corto y luego la como, respondo. No, no, expresa enfáticamente, comerlas sin cortarlas, sin que el fruto pierda su unión con el árbol que la gestó. Reflexiono un momento y concluyo, no, realmente no, nunca lo he hecho así. 'Inténtalo ahora por favor'. Me pareció un poco tonto el experimento pero acepté. Como no había más que arbustos de café con su fruto, o sea la cereza madura, ya roja de estos, me acerqué, mordí un cerezo de café y comencé a comerlo.

Todo sin despegar el cerezo del árbol. Acto seguido, me solicitó que cerrara los ojos y me concentrara en el sentir. Lo hice y experimenté vívidamente la conexión del agua, algo que nunca había sentido. De pronto, percibo al río que estaba a tres metros, sentí el flujo que subía a través de la savia, llegando hasta el fruto y luego pasar a la red de venas y arterias de mi organismo. Todo como un circuito conexo.

Desde esa ocasión, lo he repetido varias veces y compruebo, siempre, conexión. Un experimento que nos lleva a vivir, a experimentar, lo que teóricamente acabamos de postular.

Por supuesto que hay que comerlo muy detenidamente o simplemente morderlo y parar ahí un minuto o dos. Ella lo descubrió cuando de adolecente acampaba frecuentemente en un bosque cerca de París. Invito al lector a que intente lo anterior, pero ahora imagine no solo su persona, sino todo el reino vegetal y animal, toda la biósfera terrestre, el circuito global. Esta es la mecánica de vida del agua, una mecánica que genera nutre y regenera la vida.

La segunda mecánica es la financiera. El planeta tierra se ha poblado por seres humanos que se han organizado formando sociedades, mismas que requieren satisfacer sus necesidades. De donde surgió la pregunta ¿cómo producir y distribuir bienes y servicios? Con este propósito, han surgido modelos socioeconómicos, desde el trueque, el esclavismo, feudalismo, llegando al complejo y globalizado capitalismo actual.

La palabra finanzas viene del francés Fiance, el término se aplica al estudio del **flujo de dinero** entre personas, organizaciones y naciones.

En otros términos, finanzas es el estudio del flujo del dinero. Si se estudia el flujo entre las partes de un sistema, es con la finalidad de optimizar éste. Por tanto, la calidad del proceso financiero será función del flujo entre los contenidos, personas, organizaciones y naciones.

En el modelo socioeconómico capitalista, contemplado como un sistema y definiendo sistema como una totalidad de partes mutuamente dependientes, la célula la representa la mercancía. Mercancía es todo aquello que se puede comprar o vender y la sangre o savia de este sistema serían las finanzas, el flujo financiero. Habiendo una relación causal entre compra- venta y flujo financiero, y a la inversa.

Ahora bien, un análisis de estas dos mecánicas, por medio de la lógica contextual (ver capítulo Lógica Contextual), nos da un cruce contextual, o sea que la mecánica de vida está interferida por la mecánica financiera.

No están alineadas, la fórmula de la relación estructural de estas dos mecánicas es:

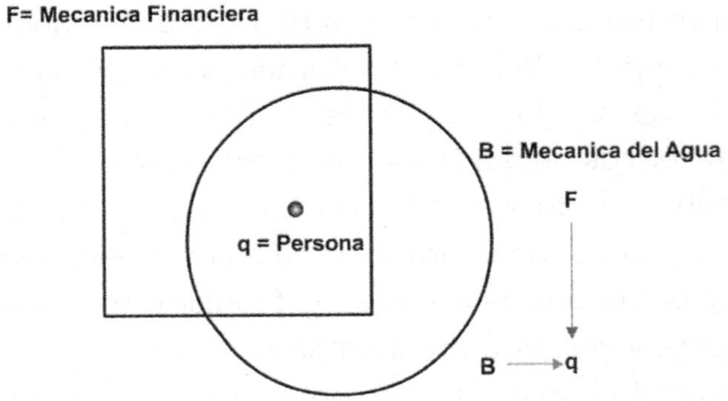

La comprensión profunda, completa, clara y precisa de esta representación, quedará cada vez más clara a medida que el lector entre en las **abstracciones de la lógica contextual teórica y aplicada**, por esta razón el presente libro contiene en una segunda sección el mencionado instrumento deductivo.

El esquema anterior es una representación esquemática y simbólica, aplicando la lógica antes mencionada, de dicho cruce o interferencia. Me adelanto a decir que no es que la mala de la película sean las finanzas, sino más bien el enredo, el cruce, que al distinguirlo abre su solución, como veremos a continuación.

La mecánica del agua, como lo hemos descrito, que genera y regenera estructuras de vida en este planeta, lo representa esquemáticamente el círculo y simbólicamente la letra B. La mecánica financiera la representa esquemáticamente el rectángulo y simbólicamente la letra F, q es un contenido dentro de dichos contextos. Puede ser una persona, grupo de personas, una organización, un pueblo completo o la sociedad planetaria en su totalidad.

Dado que contexto determina sentido del contenido, el contenido recibe una información ambivalente, cruzada, por tanto se generan incongruencias, contradicciones en la persona, en grupos de personas, organizaciones y naciones. Formando una cultura de que lo normal es actuar confundido, de acuerdo a ese código interferido.

Un sistema vivo, todo organismo biológico, está diseñado para funcionar óptimamente, cuando hay una disfunción o enfermedad es que hay un contexto cruzado con el otro, es decir, un contexto le dice a las células caminan derecho y otro les dice no, camina chueco. Un contexto induce la información de entra y otro la información de no, sal. El problema está en la complicación y esta es función de cruce contextual que genera ambivalencias, incongruencias, contradicciones.

Las células confundidas para sobrevivir, activan la alarma en forma de un padecimiento físico, llamado enfermedad, en otras palabras toda enfermedad tiene una causa raíz, campos de información cruzados, interferencia de campo.

El planeta tierra, con su mecánica del agua que genera y regenera todo lo vivo, está enviando alarmas, porque está recibiendo campos cruzados, información cruzada.

Por ejemplo, los modelos económicos no distinguen crecimiento con desarrollo, es como si alimentamos a un niño obeso que gana y gana peso (pib), expresando vamos bien, aunque esté lleno de tumores, enfermo y desvitalizado.

Si pudiéramos percibir con un súper cerebro, cibernético o real, el flujo de la primera mecánica, percibiríamos lo que hemos mencionado, una mecánica que genera, nutre y regenera estructuras de vida. Si ahora apuntamos a este súper ordenador a la mecánica financiera global, mercados financieros operando, cheques, tarjetas, divisas, etc. veríamos que su movimiento está interfiriendo el proceso de vida y que amenaza con la sobrevivencia de BIOS.

No hace falta mayor análisis, siempre que sabes de la destrucción de un ecosistema, de la contaminación de agua, aire o tierra, de la erosión y depredación de especies, del bloqueo de las nuevas tecnologías limpias, de la supresión de avances en biomedicina, que prácticamente lo pueden curar todo, invariablemente hay detrás un interés financiero, interfiriendo. Seres humanos con poder económico pero con una profunda dicotomía cerebral, es decir están desconectados de su propia biología.

En el modelo socioeconómico actual, es peligroso que una persona o grupo de personas tengan poder financiero sin una sólida formación cualitativa cultural y académica.

¿Cuál es la causa raíz del problema?

La causa raíz de la crisis política económica social y ecológica de nuestros días se puede enunciar en una sola palabra: **fragmentación.**

La inestabilidad financiera actual, en personas organizaciones y naciones, tiene como causa raíz, como común denominador, la óptica y lógica fragmentada. La causa raíz de la complicación, es la visión fragmentada de la realidad, que a su vez ha generado un analfabetismo estructural.

El gran problema implícito es que la fragmentación y la óptica y lógica fragmentada ha creado un paradigma, una forma de ver la realidad. Por tanto, todo un sistema educativo que induce dicha visión, lo que a su vez crea un contexto cultural envolvente, como el agua al pez, es decir la gente bajo este contexto es pensada a ver y decidir partiendo de dicha visión.

Quien esto escribe ha llegado, por caminos diferentes, a conclusiones paralelas y complementarias a las ya postuladas por los científicos de vanguardia: David Bohm (físico matemático, norteamericano, premio Nobel de Física) y Rudolf Saldrake (biólogo y bioquímico inglés).

David Bhom escribe: La fragmentación está en todas partes desde tiempos inmemoriales, esta óptica y lógica envuelve y determina la forma de actuar, deducir y conversar. La formación académica, el trabajo en general, están divididos en especialidades, cada una de ellas se considera que está separada de las demás. Al no solucionar lo buscado, el ser humano plantea nuevos temas interdisciplinarios que pretenden unir dichas especialidades, a lo que agrega más fragmentos. Las relaciones internacionales se han desarrollado de tal forma que se dividen en naciones separadas, en grupos, clases, razas, religiones, separadas inconexas. La relación del ser humano con el medio ambiente, como partes existentes por separado.

De acuerdo a Bhom, la idea de que estos fragmentos existen por separado, es evidentemente un error de base que nos lleva a la complicación, el enredo crónico como cultura, sociedad, civilización. Pues la parte pierde su adecuada conexión con el todo, generando conexiones inadecuadas o estériles, soluciones que funcionan solo a corto y mediano plazo derivando en problema a largo plazo.

Escribió Alexis Carrel, Premio Nobel de Medicina: Cuando un especialista se consagra a una parte minúscula del cuerpo, su conocimiento del resto es tan rudimentario que es incapaz de comprender bien la parte en que se ha especializado. Algo semejante ocurre con los educadores, los sacerdotes, los economistas, los sociólogos y siquiatras, que antes de limitarse por completo a su dominio particular, no han adquirido un conocimiento general del ser humano.

Cuanto más eminente es un especialista más peligroso es, postula Alexis Carrel en su libro La Incógnita del Hombre.

A lo que añade Alexis Carrel, los rectores de las universidades no comprenden que los intelectos sintéticos sean tan indispensables como los analíticos. Si se reconociera la superioridad de este género de intelecto y se alentara su desarrollo, los especialistas dejarían de ser peligrosos. Porque el significado de las partes en la organización del conjunto sería valorado correctamente.

Por lo que postulo que es urgente la creación de universidades cualitativas, mismas que generarán egresados con una inteligencia lógico analítica fina en complementariedad con la sintética. Con capacidad de agudeza y precisión del análisis de la parte, al mismo tiempo que desarrollan capacidad de deducción, de cómo esa parte es función de variables que forman un todo sistémico.

En cierta ocasión, me trasladaba a una cita a una sala de reuniones en una corporación, cuya oficina estaba aproximadamente a 20 pisos. Dado que la ciudad en que estaba era caótica, tráfico, autos que van y vienen, se cruzan. Ruidos de motores, claxon, percibía un desbarajuste muy estresante. Entonces, estacioné mi auto y subí en el elevador al piso 20, donde una secretaria muy amable me condujo al salón de reuniones. Dado que en esta ciudad la puntualidad no es parte de su cultura, tuve que esperar, contemplando la ciudad desde el salón de reuniones, cuyas paredes de vidrio permitían observar una panorámica de la ciudad.

Paseé mi mirada por la urbe como totalidad y luego las calles por las que había transitado. Bingo, ahora la misma ciudad que unos momentos antes había percibido caótica, se convirtió en flujo y armonía.

Me dije: es la misma ciudad, en otro contexto, contexto que me permite ver la continuidad, el flujo de las partes. Los autos ya no eran esas máquinas que pasaban como fragmentos ruidosos, ahora eran contenidos en flujo, unos en relación a los otros. En un circuito de flujo, conexión, totalidad, síntesis.

¿En qué consistió el cambio de contexto? En que en el primero era fragmentario y en el segundo todo tenía conexión flujo y percepción, distinción, de cómo las partes interactúan, de acuerdo a su estructura original y completa, porque había conexión de la parte con la totalidad.

David Bhom describe lo anterior diciendo: El intento de vivir de acuerdo a esta idea de que estos fragmentos están realmente separados e inconexos es, en esencia, lo que nos ha llevado a la presente crisis.

Esta forma de vivir nos ha traído la contaminación, la destrucción de la naturaleza, la superpoblación y al desorden económico y político del mundo entero. A lo que nosotros añadimos, nos ha llevado a generar un planeta complicado.

¿Hay solución o debemos resignarnos?

La mecánica financiera se mueve dinámicamente, comiéndose a las especies vegetales, animales y al mismo humano. Una locomotora loca, como su nombre lo indica (motor loco), porque perdió su raíz.

Ante la anterior deducción, tenemos dos opciones: no hacer nada, a pesar de que se acaban bosques, especies, se calienta el planeta se acidifica el océano, la intolerancia aumenta, los estados anímicos bajan, la depresión es casi común, las enfermedades se incrementan, nuevos virus aparecen periódicamente, etc. Practicando la filosofía del avestruz colectivamente, mal de muchos, consuelo de tontos, dice el refrán. O abrir la posibilidad para transformar el problema en oportunidad.

La ingeniería estructuralista derivada de la lógica contextual postula y demuestra que en la estructura están las claves para transformar cualquier aplicación dada, por tanto, para transformar un problema en oportunidad.

En la estructura atómico–molecular de la materia se descubre la clave que posibilita destruir al planeta, por medio de la fisión nu-clear, al dirigir un neutrón a 20 km por segundo sobre átomos pesados de uranio (U-235) liberando, en una explosión centrífuga, una cantidad de energía dada por la ecuación E= m.c. Siendo C la velocidad de la luz elevada al cuadrado.

De acuerdo a la relatividad, masa y energía son equivalentes. Lo que dice la ecuación, que en sí es un lenguaje abreviado del ámbito de la física, es que la energía contenida en cualquier partícula de materia, es igual a la masa de ese cuerpo (en gramos) multiplicada por el cuadrado de la velocidad de la luz (en centímetros por segundo). Imagine el lector esta equivalencia si lo trasladamos a valores concretos medibles: en otros términos, un kilogramo de uranio producirá 25 mil millones de kilovatios hora de electricidad. Tanto como podrían generar todas las centrales de EUA durante dos meses operando continuamente. Pudiendo, al generar una explosión, destruir una ciudad completa.

Aproximadamente a finales de 1938, un grupo de científicos en el Káiser Wilhelm Instituto de Berlín, integrado por Otto Hahn físico – matemático y químico, la física Líese Meitner y Fritz Strassman, descuben la fisión nuclear. Sin embargo, por la ética que caracteriza a una inteligencia realmente científica, no desearon construir la tecnología necesaria para iniciar la era nuclear, que posibilita la destrucción masiva, dándole largas a Hitler.

Los servicios secretos de los aliados lograron codificar y reproducir el principio descubierto en Alemania, iniciando el proyecto Manhattan, encaminado a producir las primeras armas nucleares, dirigido por el físico nuclear Robert Oppenheimer.

El 6 de junio de 1945, el ser humano transformó, por vez primera, materia en energía, una noche en Álamo Gordo, Nuevo México, EUA, detonando en el desierto la primera bomba nuclear. Para posteriormente arrojarla sobre la población civil de dos ciudades japonesas.

En la actualidad la bomba más potente la tienen los rusos, bautizada como la bomba del zar, que es una bomba de fusión de hidrógeno con tres etapas: fisión- fusión-fisión, tiene una potencia total de 50 megatones, aproximadamente 3,000 veces más poderosa que las bombas arrojadas en las ciudades japonesas.

El talento del ser humano, al investigar la estructura atómica molecular de la materia, descubre las claves para su propia destrucción como cultura, sociedad, civilización, en total contradicción con su naturaleza biológica.

Sin embargo, aplicando la lógica dialéctica y contextual deducimos que el problema contiene su solución. Recuerde el lector que con la comprensión de la unidad de los contrarios nace la deducción dialéctica. O sea, la suma es la resta con signo contrario, la multiplicación de la división, la expansión de la contracción. Asimismo el problema contiene dialécticamente su opuesto, es decir, la solución del mismo, por tanto en la estructura atómica molecular de la materia se encuentran también las claves para crear lo opuesto, **una bomba nuclear inversa.**

Una bomba nuclear es una explosión centrífuga que rompe, desintegra, destruye, masivamente. Una bomba nuclear inversa es una implosión centrípeta que conecta, integra, construye, regenera y fluye. Ambas parten del mismo origen, el estudio de la estructura atómica molecular de la materia.

Sin embargo, la bomba nuclear centrífuga parte de una visión atomista fragmentada. La tesis central de esta es: los átomos son los tabiques que forman la materia, al unirse unos con otros y formar moléculas, y las moléculos compuestos. De esta forma se crea el mundo material que nos rodea, generado la óptica y lógica, y una cultura de que la realidad está construida por fragmentos, como lo hemos mencionado anteriormente.

Lo opuesto complementario, la bomba centrípeta de implosión, parte, por el contrario, de una visión de un paradigma atómico molecular de campo. Cuya tesis es que los átomos se enlazan, no por efecto de compartir electrones, sino por estructuras de campos de información que determinan dichos enlaces, para así formar moléculas.

Esta teoría establece que todos los organismos y sistemas en general adoptan sus formas y compartimentos, en función de campos de información. El universo se ordena de más a menos de contexto mayor a contexto menor, desde la galaxia hasta el átomo, hay una estructura de campo que determina el sentido orden y distribución de estos, crea un contexto y éste generará contextos menores que, a su vez, generará contextos que ordenarán contenidos.

Modelo Molecular de Sucarrats

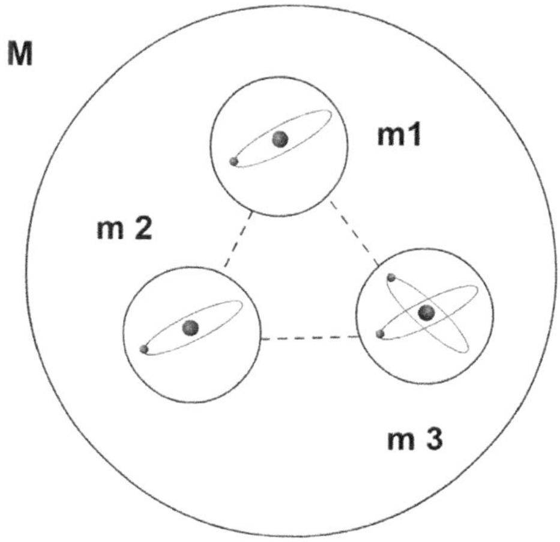

La ilustración anterior muestra el modelo Molecular Sucarrats donde un contexto llamado M (puede simbolizarse con cualquier letra) determina el orden y distribución de los contenidos dentro de ésta, los cuales son los campos m1,m2, ym3 (que son contenidos en función de M y contextos en función de los electrones y nucleones).

El campo M determinará diferentes combinaciones de los campos m, que a su vez formará diferentes moléculas. En síntesis, la formación molecular no es función de los enlaces electrónicos, sino función de un campo. Ahora bien, una molécula tiene un campo superior que moldea las diferentes combinaciones moleculares.

Los campos son patrones o estructuras de orden, o sea en términos de la lógica contextual, un contexto que determina el sentido, orden y distribución de los contenidos que contiene.

Esta teoría, que converge perfectamente con la teoría de los campos - M de Sheldrake, establece que todos los organismos y sistemas en general adoptan sus formas y comportamientos en función de campos de información. Dicha estructura de campo determina el orden y distribución de las partes que componen a un átomo, a una molécula, a un compuesto, un cristal, una proteína o un organismo complejo vivo. Cada tipo de molécula, cada proteína, tiene su estructura de campo. De igual forma, cada tipo de cristal, cada tipo de organismo, cada tipo de instinto o patrón de comportamiento tiene su campo.

Estos campos son los que ordenan a la naturaleza, moléculas, cristales, células, plantas, animales, personas, pueblos, abarca todo aquello que tiene forma, patrón o propiedades auto – organizativas, habiendo tantos campos como cosas y patrones en la naturaleza.

El planeta tierra tiene un campo de información global que fluye y articula genera y regenera a campos menores, por medio de la información que lleva la molécula del agua. Aquí está la clave para la creación de la bomba nuclear inversa.

Para activar una bomba nuclear, como hemos dicho, hay que dirigir un neutrón a 20 km por segundo hacia átomos purificados, por ejemplo de uranio. Entonces se generará una reacción en cadena, lo que a su vez activará la explosión.

Para activar una bomba nuclear inversa hay que dirigir una fuerza centrípeta, un campo de información sostenida al centro del campo de información planetario, para que gradualmente se geste por medio de una espiral logarítmica, que activará, lenta y gradualmente, el giro de contextos haciendo que **B** englobe a **F.**

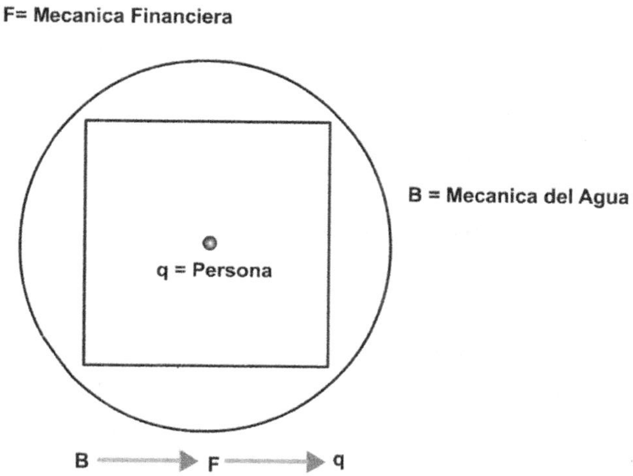

En el esquema anterior se ilustra una transformación estructural de estas dos mecánicas donde **B** engloba a **F**. Si B engloba a F, el sentido de F gradualmente se alineará a B, por tanto, la mecánica financiera, poco a poco, gravitará más en pro de BIOS, no en contra de BIOS. El esquema anteriormente descrito, puede ser una persona, una organización, un país o el planeta completo. Esa es la representación esquemática de lo que en Elipxo llamamos bomba nuclear inversa.

Sin embargo, para realizarla, estamos en el proceso en el laboratorio de Elipxo Internacional, se requiere una profunda comprensión de los campos endomórficos y campos – M de Rudolf Saldrake. Comprender la teoría atómico molecular de Sucarrats, la lógica contextual e ingeniería estructuralista de Elipxo Internacional, la física cuántico – relativista (física moderna). Entonces el lector verá que no es en lo absoluto una utopía, es tan realizable, como lo fue la bomba nuclear centrífuga.

Se requiere una red de laboratorios Elipxo repartidos en puntos específicos, en todo el planeta, todos a lado de ríos, pues será el medio para inducir información estable al campo global planetario.

Las Organizaciones y las Finanzas

Toda organización va en pro de resultados cualitativos y cuantitativos como hemos mencionado reiterativamente. El resultado central que busca toda organización, dentro del modelo socio económico capitalista, es ser rentable, es decir, financieramente próspera. En otros términos, el objetivo central es estabilizar e incrementar su estado financiero.

Los principios para la transformación cualitativa de toda organización, postulados en el presente texto: E (Orden y transformación estructural), P (orden cualitativo de procesos), R (Resultados), conducen a toda empresa a realizarlo. La aplicación puntual de estos principios lleva a toda organización al cumplimiento de sus objetivos y con ello lograr los resultados deseados. Llegando, de esta forma, a cumplir la visión que la empresa proyecta a mediano o largo plazo. Por tanto, su estabilidad e incremento financiero.

Una vez que la empresa ha llegado a realizar este estado de orden flujo, eficiencia, entonces pasa a la etapa 2, que consiste en establecer un campo de información entre la empresa y una cuenca hidrológica y ecosistema asociado.

Otra forma más breve de describirlo

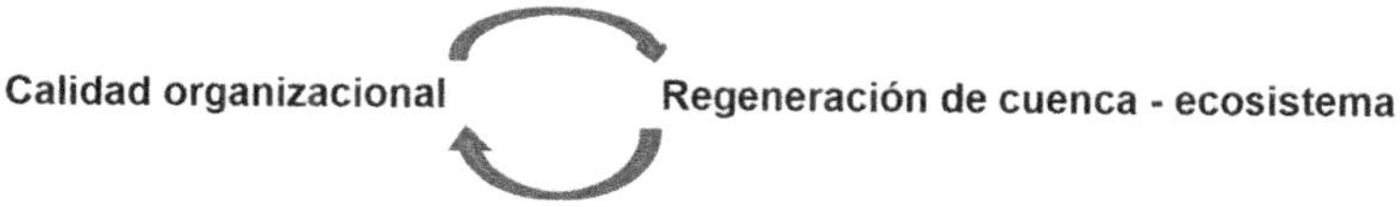

Algunos directivos engolosinados con el incremento de las ganancias, no quieren pasar a la etapa 2. Sin embargo es cuestión de tiempo, los empresarios vanguardistas dan el paso y es como cuando cocinamos maíz palomero, se ponen las semillas, aceite, se induce calor y nada, nada, nada, hasta que una hace, pop, luego dos, pop , pop, luego, cuatro, trazando una curva logarítmica exponencial. Pues se está abriendo el sentido del flujo de la verdadera empresa estable, que crea riqueza, no a costa de otras empresas o del medio ambiente, sino en virtud de su fuerza centrípeta expansiva. Esta es la real transformación cualitativa organizacional.

¿Cómo será la experiencia de trabajar, el privilegio de trabajar, en una organización transformada?

Una organización transformada adquiere vida e inteligencia. Es inteligente pues sigue el sentido del flujo, flujo y conexión en las finanzas, en los procesos, en la estructura. Flujo y conexión entre las personas, flujo y conexión con el medio ambiente o ecosistema que nos sustenta.

Peter M. Senge del Instituto Tecnológico de Massachusetts, describe magistralmente la experiencia de trabajar en una organización transformada o sea inteligente.

Escribe: desde muy temprana edad (David Bhom dice desde tiempos inmemoriales) nos han inducido a fragmentar el mundo. Al parecer esto facilita las tareas complejas, pero sin saberlo pagamos un precio enorme pues ya no vemos las consecuencias de nuestros actos, perdiendo nuestra sensación intrínseca de conexión. Cuando intentamos ver la imagen general, es similar como el querer ensamblar nuevamente los fragmentos de un espejo roto para lograr ver un reflejo fiel. Al cabo de un tiempo desistimos de tratar de ver el conjunto, el sistema, la totalidad.

Peter M. Senge desarrolla lo que él llama la quinta disciplina, donde lleva al empresario a distinguir la ilusión de esa fragmentación, de que las organizaciones y el mundo en general están formadas por fuerzas separadas y desconectadas. Entonces se pueden construir organizaciones inteligentes, organizaciones donde la gente expande continuamente su aptitud para crear los resultados que desea, donde se cultivan nuevos y expansivos patrones de pensamiento, donde la aspiración colectiva queda en libertad, donde la gente continuamente aprende a aprender en conjunto.

Ya no basta con tener una persona que estudie para la organización, llámese Ford, Sloan o Watson. Ya no es posible "otear el panorama" y ordenar a los demás que sigan las órdenes del "gran estratega". Las organizaciones que cobrarán relevancia en el futuro serán las que descubran cómo aprovechar el entusiasmo y la capacidad de aprendizaje de la gente en todos los niveles de la organización.

En alguna ocasión la mayoría hemos formado parte de un gran "equipo", un grupo de personas que juntas funcionaban maravillosamente, se profesaban confianza, complementaban mutuamente sus virtudes y compensaban mutuamente sus flaquezas. Comprendiendo que tenían metas comunes, más amplias que las metas individuales, que producían resultados extraordinarios.

He conocido a muchas personas que han experimentado esta profunda labor de equipo, en los deportes, en las artes dramáticas o en los negocios. Muchas han pasado gran parte de su vida procurando reencontrar esa experiencia. Lo que experimentaron fue una organización inteligente. El equipo no era magnífico desde un principio, sino que *aprendió* a generar resultados extraordinarios.

Las empresas transformadas son como un imán, brillan y solas transmiten lo que han logrado sin necesidad de propaganda alguna.

El Futuro de las Finanzas

Partiendo de la definición de que las finanzas son una disciplina que estudia el flujo del recurso, entre personas organizaciones y naciones, y dado que la estructura determina a los procesos financieros y que a su vez la calidad de una estructura es función del flujo entre sus partes, al alinear, al transformar la estructura de un cruce auto interferido a un englobamiento de B a F, hará que estas fluyan como el agua misma, se activará dinero que genera un verdadero desarrollo, una verdadera civilidad.

Postulamos que el futuro de la mecánica Financiera es **F** subordinado a **B** (bio–finanzas) por las siguientes razones:

1) Las organizaciones que apliquen el principio de alineación gradual con BIOS, notarán que un hilo financiero dentro de la corporación tiene una vida y estabilidad que

no la tienen otras fuentes, y que ésta generará entusiasmo, vitalidad, y que tiende a incrementarse. Genera entusiasmo y vigor porque crea integración de las dos partes dentro de las personas que la operan o sea personas – organizaciones – naciones.

2) Una vez que se prueba, por las razones anteriormente descritas, inducirá naturalmente hacia el incremento. Es como un hilo de agua abriéndose paso en un montículo de arena, ese hilo irá formando un surco, lenta y gradualmente, que a su vez, hará que las moléculas del agua pasen cada vez con mayor fluidez y vayan, al mismo tiempo, ensanchando el surco hasta formar un río.

3) La cultura global planetaria, gradual, lenta muy lentamente, irá formando la óptica, la cultura de que no tiene sentido fomentar **F** a costa de **B,** o sea, ser cada día más adinerado y más muerto (en paralelo). Abriendo la posibilidad de ser financieramente libre (poder hacer y tener lo que realmente quiero) y sentirme plenamente vital, entusiasta y realmente feliz como ente humano.

4) El futuro de las finanzas será **F** envuelto por **B** o **simplemente no habrá futuro.** La cuarta, la dejo al último pues creo que el güiro se dará, soy optimista, no espero un cataclismo como tanto se pregona, más bien un paraíso nunca antes vivido en la historia de la humanidad.

¿Quién inducirá el punto de transformación?

La labor será realizada por científicos y empresarios de vanguardia. La convergencia entre ciencia de vanguardia y empresarios visionarios que han superado la visión financiera fragmentada.

Es totalmente iluso esperar que la mayoría de la gente acaudalada, -es decir, con recurso- responda y participe. No debemos enjuiciar, pero son víctimas de un sistema que los piensa, ellos piensan que piensan y deciden, pero no saben que no saben, que son pensados por el sistema. Practican la filosofía del avestruz colectivamente, siendo su mecánica de vida el ganar, acumular, ganar, gastar, viajar, comer y defecar. Podríamos intentar hacerlos participar, lo que invariablemente ocurre es que digan 'Uy, qué mal, sí', para que acto seguido se metan al riel y sigan haciendo exactamente lo mismo. Decía Albert Einstein, locura es hacer más de lo mismo esperando algo diferente. Por lo que representa una pérdida de tiempo absoluta, y tiempo no hay mucho.

Se requiere al empresario inteligente, despierto, que piensa y decide por sí mismo, vanguardista, visionario y realmente moderno. Afortunadamente los empresarios más acaudalados de la modernidad tienen ese perfil, teniendo a su vez una formación académica tal que les permite comprender la ciencia de vanguardia. A mi parecer son científicos - tecnócratas – empresarios los que conjugan estas tres virtudes, por lo que fácilmente pueden comunicarse y comprender la ciencia de vanguardia, que ya es una necesidad urgente.

Iniciaré mencionando a mi **empresario-científico** favorito Elon Reeve Musk, nacido en Sudáfrica y nacionalizado canadiense y norteamericano. Físico de formación al mismo tiempo que es inventor y un gran empresario.

Es director general de SpaceX, de Tesla Motors, presidente de Solarcity y copresidente de OpenAI, entre otras.

En febrero de 2020 su fortuna se estimaba en 43,300 millones de USD, lo que le convertía en una de las personas más ricas del mundo. En diciembre de 2016, Musk fue nombrado como la 21ª persona más poderosa del mundo.

Tesla Motors es una empresa fabricante de los mejores autos eléctricos del mundo, suele decirse que Tesla Motors es una empresa de software que fabrica autos.

Según la revista Forbes, los 10 empresarios más poderosos, financieramente hablando, han adquirido su potencial financiero, todos, por medio de las tecnologías de la información.

Por ejemplo: William Gates conocido por Bill Gates, empresario del ámbito de la informática, en 1981 se convirtió a sus 31 años en multimillonario, teniendo en la actualidad un patrimonio de 86,000, 000,000 USD (ochenta y seis mil millones de dólares). Jeff Bezos, fundador y director general de la plataforma de comercio electrónico Amazon, cuenta con un patrimonio neto de 75.6 mil millones de dólares.

Mark Zuckerberg, empresario y programador informático estadounidense que creó la red social que gran parte del mundo utiliza, Facebook, posee un patrimonio aproximado de 45.2 mil millones de dólares. Larry Allison, fundador de Oracle, fabricante de softwares E.R.P., tiene un patrimonio de 43.6 mil millones de dólares. Larry Page, Doctor en ciencias de la computación, cuyo interés y gusto por las computadoras comenzó desde que tenía seis años de edad gracias a su madre, quien se dedicaba a ser profesora de programación en la Universidad de

Míchigan, cuenta con un patrimonio de 35.2 mil millones de dólares.

Sergey Brin y Larry Page diseñaron al buscador más famoso de todos los tiempos: Google. Brin decidió estudiar matemáticas e informática en la Universidad de Maryland, centro donde sus padres ejercían sus profesiones. Sin embargo, Brin decidió estudiar en la Universidad de Stanford para no conformarse y conseguir un Doctorado en informática. Patrimonio, 34.4 mil millones de dólares.

Steve Ballmer B. Gates le pidió que se uniera a Microsoft para convertirse en el administrador general de la empresa, patrimonio 23.5 mil millones de dólares. Jack Ma, 20.5 mil millones de dólares. Ma es el hombre más rico de China gracias a la fundación del Grupo Alibaba, cuyo objetivo principal es el comercio electrónico a través de Internet. Patrimonio 20.5 mil millones de dólares.

Michael Dell, como su propio apellido lo indica, fundó la compañía fabricante de equipos informáticos Dell. Desde pequeño mostró mucha inteligencia e ingenio, pero nunca se interesó por la escuela (al igual que La Mars), su patrimonio es de 19.8 mil millones de dólares.

Paul Allen, hombre de negocios estadounidense, cofundador, junto con Bill Gates, de Microsoft. En una escuela en Seattle conoció a Gates, ambos compartían entusiasmo por las computadoras y la tecnología. Paul Allen fue el responsable de que Bill Gates dejara la universidad para consagrarse a lo que los haría millonarios. El patrimonio de Paul es de 17.5 mil millones de dólares.

Como podemos constatar, todos ellos realizaron su fortuna por medio de la ciencia y tecnología de la informática. Sus datos autobiográficos reflejan no un proceso tedioso y duro para lograrlo, sino más bien vivo, entusiasta y gozoso.

Sin embargo, es obvio que el secreto de ellos está en la convergencia entre las tecnologías de la información y el principio de flujo, solo falta la convergencia con BIOS para activar la bomba nuclear inversa.

En síntesis, las futuras finanzas serán aquellas que estructuralmente se subordinen al contexto del flujo del agua planetario, esto será dinero de vida, dinero que regenera todo lo que conecta, dinero que tiende a la estabilidad y al incremento gradual.

Glosario

La lógica contextual teórica y aplicada abre un nuevo paradigma, lo cual, a su vez, genera nuevos términos o neologismos.

Neologismo, en lexicología, quiere decir palabra nueva. La creación de una palabra puede ser completamente innovadora, como el neologismo formal, o una nueva acepción, que es el neologismo de sentido. Los neologismos en el paradigma de Elipxo son generalmente de sentido.

Palabras como estructura, simple, complejo, complicado, contexto, contenido, calidad, lógica contextual, ingeniería estructuralista, molécula, etc., adquieren un nuevo sentido más claro y preciso, en función de la lógica contextual y de la transformación de lo complicado en complejo. Generalmente se toma el sentido de la palabra compleja y complicada como sinónimos, lo que es parte de la confusión que deriva en una cultura complicada.

Academia

El concepto parte de la antigua Grecia. La academia era un jardín público a las afueras de Atenas, cuyo propietario era Academo, quien donó estos jardines al pueblo ateniense para la construcción de un gimnasio. El gimnasio fue construido y recibió el nombre de su donante.

Platón reunía a sus discípulos cerca de dicho espacio, la escuela de platón fue llamada academia y a sus adeptos académicos.

Este fue el hecho histórico de donde parte la asociación de proceso formativo con la palabra academia.

En la actualidad el concepto se refiere a los espacios o instituciones dedicadas a algún tipo de formación, científica, artística o filosófica.

Academia cuantitativa

La cultura académica cuantitativa no distingue la estructura de sentido de las materias y programas académicos, derivando, por dicha falta, en complicaciones innecesarias, en un barroquismo intelectivo, que fragmenta y confunde. La cultura académica cuantitativa no distingue el factor **cualitativo**, valorando básicamente en función de lo **cuantitativo.**

En dichas instituciones se habla de calidad sin comprender las causas primeras y principios fundamentales de ésta. Cuanto más diversidad, cantidad de conceptos e información, cuanto más grande la publicación o el libro; cuanto más años y títulos, en esa proporción se reconoce y valora.

La cultura académica cuantitativa induce la **ilusión** que la acumulación produce avance, desarrollo.

Parámetros representativos

- Cantidad
- Diversidad
- Barroquismo

Efectos

- Confusión (Se confunde lo complicado con lo complejo y simple, generando y cerrando la creencia de que las cosas son complicadas por naturaleza).
- Fragmentación
- Complicación, mezcla, enredo

La cultura académica cuantitativa ha creado modelos que funcionan a corto plazo derivando en crisis a largo plazo.

La crisis económica, ecológica y social de nuestros días tiene en gran medida que ver con aproximaciones parciales que no completan, no cierran los problemas, solo los postergan, de ahí la importancia de una revisión sintético estructural de los procesos académicos, con la intención de una necesaria y urgente transformación.

Los estudiantes egresados de instituciones contenidas en dicha cultura expresan una visión fragmentaria de la realidad, mostrando poca o ninguna sensibilidad, ni responsabilidad, social y ecológica.

Profesionalmente, terminan su carrera con una formación sin estructura, por tanto confusa, una formación que carece de calidad, claridad y precisión para el quehacer profesional.

Académica cualitativa

La cultura académica cualitativa parte de distinguir que la causa primera y principio fundamental de la **calidad** del proceso académico está en el conocimiento **sintético- estructural** de las disciplinas contenidas en ella.

Por ejemplo:

El nivel cualitativo del **proceso de enseñanza-aprendizaje** de la matemática en una institución educativa dada, será función directa del grado de comprensión de la **estructura de la matemática**.

Parámetros esenciales

- Estructura
- Calidad
- Claridad
- Precisión
- Simplicidad

Efectos

- Conversión de lo complicado en complejo y lo complejo en simple y funcional.
- Mayor claridad
- Mayor efectividad
- Mayor creatividad

Los estudiantes egresados de instituciones fundamentadas en la calidad, mostrarán un desarrollo equilibrado de la inteligencia lógico analítica en integración y complementariedad con la inteligencia sintética. Tendrán un visón conexo de la realidad, de lo cual surgirá una actitud responsable hacia la sociedad y los ecosistemas.

Lo cual se expresará como:

- Mayor conciencia social y ecológica
- Mayor claridad, precisión y efectividad profesional
- Mayor equilibrio y bienestar personal.
- Mejores niveles de desempeño

Administración

Es el proceso de coordinar a una organización en congruencia con su misión y en el sentido de la realización de su visión, gestionando objetivos en la línea del tiempo para la realización de lo anterior.

Administración funcional transversal

Se le llama administración transversal al proceso de coordinación interdepartamental, para realizar metas y objetivos, en congruencia con la misión y visión de la empresa y su expresión particular de cada departamento.

Administración orientada a los resultados

La gestión orientada hacia los resultados (perdiendo la línea procesos resultados y la ecuación total estructura, procesos resultados), ha sido muy utilizado en occidente y enfatiza los controles, desempeño, resultados y recompensas (generalmente de índole monetaria). Son los llamados criterios **R,** mismos que son cuantificables con facilidad y a corto plazo.

Administración orientada al Proceso

La administración orientada al proceso para los resultados, puesto que los procesos son causa de los resultados, es una expresión de la cultura japonesa que se refleja en sus artes. La que dio lugar al estilo de gestión empresarial llamado Kaisen, causa raíz del movimiento de calidad japonés que posteriormente invadió los mercados internacionales con productos de alta calidad.

En la gestión orientada al proceso, el directivo debe de apoyar las iniciativas encaminadas a mejorar la forma en que los empleados hacen su trabajo.

Administración orientada a E–P–R

La administración orientada a E-P-R parte del modelo para la transformación cualitativa de toda organización del presente libro.

El modelo es producto de décadas de minuciosa investigación, que partió de la síntesis de los modelos que circulan en el ámbito internacional, descubriendo que todo desarrollo organizacional sigue la línea:

Estructura → **Procesos** → **Resultados**

Es decir, los resultados cualitativos y cuantitativos que obtiene una organización son función de sus procesos, si hay calidad en los procesos habrá calidad en los resultados, tanto cualitativa como cuantitativamente. A su vez, los procesos son orientados, moldeados por una estructura.

La administración **E-P-R** gestiona la mejora cíclica de estructura, procesos y resultados. Estabilizando las finanzas a corto plazo y generando el desarrollo a mediano y largo plazo.

Administración visible
Es una estrategia de divulgación claramente visible de modo que los empleados tengan todo el tiempo información clara para aumentar su calidad y productividad.

Analfabetismo
El analfabetismo en una cultura, es aquella condición social que no distingue que las letras forman palabras y éstas, frases, comunicando toda la información del conocimiento humano, dicha cultura no puede distinguir la relación entre palabras escritas y conceptos.

Analfabetismo estructural
Es aquella cultura que no distingue que detrás de todo proceso existe una estructura que le da sentido, que sin estructura, el contenido en proceso no tendría sentido. Al no distinguir lo anterior, presupone que el contenido tiene sentido en función de sí mismo, no en función de un contexto específico.

Por ejemplo 1+ 2 = 3, si mostramos los símbolos anteriores a cualquier persona, tomaría los símbolos como función de sí mismos, como absolutos. Cuando en realidad son función del contexto aritmética. Si borráramos de nuestro cerebro el contexto aritmética, que da sentido específico a cada símbolo, veríamos rayitas simétricas sin sentido alguno.

El analfabetismo estructural es la causa fundamental de la complicación en que se encuentra nuestra cultura, sociedad, civilización a nivel internacional.

Análisis

De Ana, por medio, y lisis, partes, etimológicamente significa por medio de sus partes, y consiste en el proceso de fragmentar algo para luego relacionar sus partes, deduciendo de acuerdo a los principios de la lógica formal si una relación es válida o inválida. Es una función intelectiva del hemisferio cerebral izquierdo.

Calidad

Si preguntáramos en un congreso convocado para descubrir y definir los principios y causas primeras de la calidad, nos darían tantas definiciones como definidores, pues no existe un marco contextual (siendo que contexto determina contenido) que describa o defina lo que es la calidad.

Para ello se requiere una lógica estructuralista, como la lógica contextual de Elipxo. En función de esta lógica, podemos definir con claridad y precisión, lo que es la calidad, en términos generales. Dando la siguiente definición general para la calidad:

La calidad de un producto o de un servicio es función del grado de ajuste entre la estructura y el propósito del contenido en proceso.

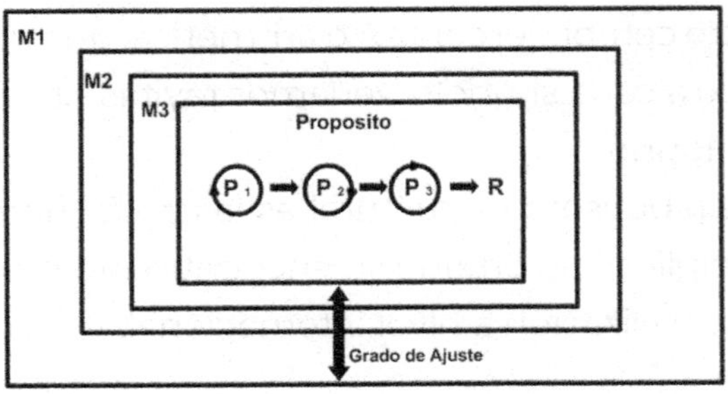

Grado de ajuste entre M.1 M.2 M.3 y el Proposito de P1 - P2- P3 = Calidad de de R

Calidad del orden de espacios

La calidad, claridad y precisión de un ordenamiento dado, es función del grado de ajuste entre el contexto y el contenido. La diferencia entre la calidad de un ordenamiento espacial y la calidad de un proceso es que el primero es estático y el segundo dinámico.

Cerebro-Mente-Conciencia

Es fundamental distinguir cerebro de mente y mente de conciencia. Utilicemos una metáfora para diferenciar lo anterior. El cerebro es el hardware, la mente es el software y la conciencia es el usuario. Sin la conciencia todo para, si tenemos conciencia solo habrá presencia pero no habrá procesos, si tenemos conciencia y mente, tampoco, porque la mente requiere del cerebro como un sistema operativo al computador.

Calidad – Eficiencia

La eficiencia de los procesos para el logro de resultados en una organización, siguiendo la línea causal, tiene su causa raíz en la estructura. Aplicando la definición formulada anteriormente, el grado de ajuste de la estructura generará más y más flujo, que es la esencia de la eficiencia, por tanto la calidad es causa primera de la eficiencia y la eficiencia de la productividad.

Definiendo el grado de eficiencia como el mínimo esfuerzo para el máximo de resultado.

Ceremonia del té

La ceremonia del té es una expresión de la cultura japonesa, la cual consiste simplemente en el proceso de elaborar una taza de té, por medio de procesos que se pulen cualitativamente hasta el infinitésimo. Esta tradición cultural constituye el reflejo más claro de la cultura japonesa orientada hacia la mejora de procesos.

Ciencia

La definición más sintética sería conocimiento cierto de las cosas por sus principios y causas primeras.

La ciencia implica llegar a la condición de si siempre, si se calienta el agua a 100 grados, ésta siempre hierve, comprobable en términos observables y medibles.

Comunicación

Habilidad de hacer conexión entre ser humano y ser humano, generando flujo y funcionalidad entre ellos. La calidad de la relación humana es función directa de la comunicación.

En nuestra cultura planetaria actual se confunde hablar con comunicar y es la causa raíz del enredo, de la complicación en las relaciones humanas, parejas, padres hijos, organizaciones y naciones.

Complejo

Lo complejo está formado por un tejido de elementos simples, es claro y funcional, pues fluye.

Complicado

Lo complicado, del latín complicare, enredo, es una mezcla auto interferida de lo complejo. En otros términos, cuando lo complejo se enreda, cae en lo complicado. Lo complicado es disfuncional pues no fluye.

Coordinación

Coordinación es el enlace de un par de opuestos complementarios, para generar un proceso. Por ejemplo, cuando la pierna derecha se coordina con su opuesta complementaria, pierna izquierda, se genera el proceso del andar en la línea espacial. Toda coordinación requiere del enlace de los opuestos complementarios, no sólo opuestos, sino también complementarios.

Coordinación Lingüística

Está compuesta por el enlace de los dos códigos lingüísticos opuestos complementarios, **petición - promesa**. Generando la conversación proceso, o sea la conversación que activa todo proceso dentro de la organización.

Corte

En el **MTCO** cuando se activa una conversación proceso, o sea una petición X a cumplirse a un tiempo Y, si quien se comprometió, no revoca ni cumple, genera un corte en la cadena de procesos de una organización. En otros términos, en el código de coordinación del modelo para la transformación cualitativa organizacional, un corte es un incumplimiento a una promesa.

Creación

No podemos crear en oposición a algo. Aunque es estimulante tomar posición y atacar a lo opuesto, no haremos con este movimiento más que nutrirlo, es decir alimentamos aquello a que nos oponemos. Ya que los opuestos juegan una relación dialéctica y funcional, esto es expansión existe porque hay contracción, exhalación de inhalación, arriba de abajo, etc.

El oponerse a un lado acaba fomentando su opuesto, que a su vez fomenta lo primero en un círculo vicioso y repetitivo. Creación es traer a la existencia lo inexistente, es la quinta esencia de la inteligencia y de las funciones cerebrales

No puedes crear en oposición a algo, sólo puedes crear abriendo un contexto que incluye el juego de los opuestos, observador y lo observado en función de un propósito.

Control de calidad

Partiendo de la definición japonesa de control de calidad, como un sistema de métodos y tecnologías para producir bienes y servicios que satisfagan los requisitos del cliente. Inicialmente, el concepto anterior fue introducido por W.E. Deming, haciendo énfasis en mejoramiento del producto por medio de las herramientas estadísticas. Sin embargo, el concepto ha ido evolucionando y aunque las herramientas estadísticas siguen siendo el soporte principal, se han agregado muchas otras herramientas.

Ciclo de Deming

El ciclo de Deming consiste en una rueda de rotación continua, entre investigación, diseño, producción y ventas, para así lograr la mejora continua que mantenga clientes satisfechos.

Ciclo E- P- R (Estructura- Procesos- Resultados)
Dado que la estructura determina a los procesos y los procesos a los resultados, el ciclo EPR significa la mejora de la estructura que induce mejora en los procesos que a su vez induce mejora a los resultados. Abriendo un siguiente ciclo de mejora de estructura que mejora procesos y que mejora resultados, generando una espiral logarítmica de desarrollo.

Ciclo E- P- R

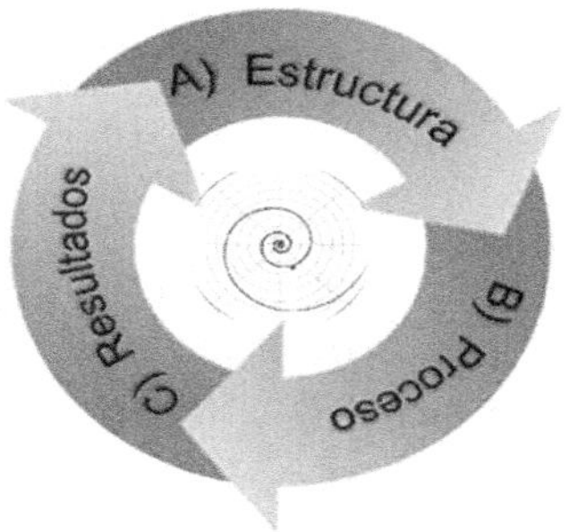

Ciclo de PHRA
Planificar, hacer, revisar y actuar es una modificación de la rueda de Deming. En la primera se destaca la necesidad de una relación continua entre investigación, diseño, producción y ventas. A diferencia, el ciclo PHRA postula que toda acción administrativa puede entrar en la mejora continua por medio de la aplicación de la secuencia planificar, hacer, revisar y actuar.

Círculos de calidad

Se le ha llamado círculos de calidad a un grupo de personas dentro de una empresa, comprometidas con la calidad, que voluntariamente desempeñan actividades de control de calidad.

Control total de calidad

Es una de las etapas evolutivas en el movimiento internacional de calidad, y comprende la involucración de todos los miembros de una organización, en congruencia con su misión y hacia la realización de su visión, en un movimiento totalmente articulado y coordinado por gerentes y trabajadores hacia el mejoramiento continuo.

Contexto

De contextus, conjunto o totalidad. En el esquema siguiente, el rectángulo (M) representa al contexto y la bolita al contenido (q). Un contenido es una parte dentro de una totalidad. Como la palabra dentro de la frase o la letra dentro de una palabra. La frase es el contexto de la palabra y la palabra es el contexto de la letra. La relación de contenidos y contextos dio lugar a una lógica específica, la lógica contextual.

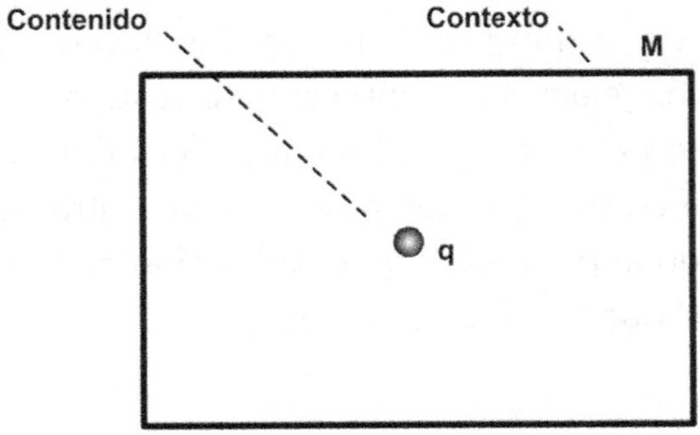

Contenido

Una unidad dentro de la totalidad o conjunto.

Cruce contextual

Contexto determina sentido del contenido, cuando hay una relación entre contexto y contenido, siempre el contexto determinará al sentido del contenido. Ahora bien, cuando dos contextos inducen a un mismo contenido, en cruce, se da en el contenido sentidos ambivalentes. El cruce contextual genera complicación, enredo, el grado de complicación es función del número de cruces contextuales en relación al mismo contenido.

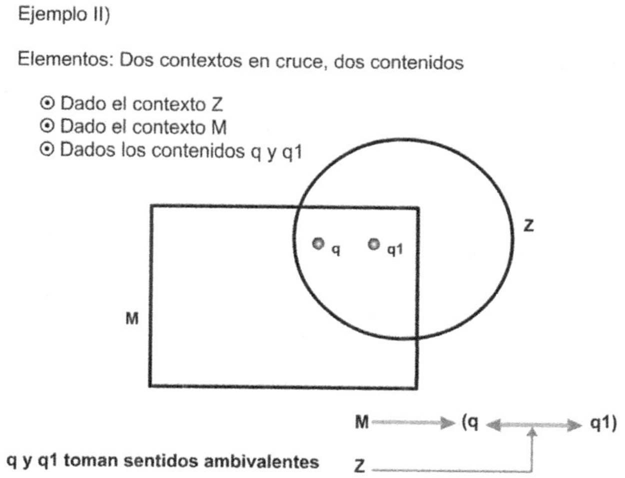

Deducción

Es un proceso de razonamiento, en base a la lógica formal, que consiste en partir de un principio general conocido, para llegar a un principio particular desconocido.

Dianoético

Concepto aristotélico para distinguir las virtudes propias de la parte intelectual en el ser humano, a las que Aristóteles llamó dianoéticas, diferenciándolas de las virtudes éticas.

Distinción

Distinguir es diferenciar aquello que tiende a confundirse, la distinción es función de la conciencia, no de la mente, representa la claridad de la inteligencia.

Doxa

Término de origen griego, mismo que se interpreta como opinión, o sea aquel conocimiento que no ofrece certeza absoluta y que podría catalogarse como creencia razonable. Parménides distingue la vía de la verdad de la vía de la opinión.

Despliegue de la calidad

Es una metodología para distinguir y desplegar los requisitos reales que el cliente requiere, induciendo el proceso del círculo de Deming y realizar dichos requisitos, satisfaciendo realmente al cliente.

ElipXo

Grupo de investigación, fundado y dirigido por Santiago Sucarrats Dañobeitia. Elipxo es un grupo de investigación interdisciplinaria cuya tesis central postula: En la estructura están las claves de la transformación cualitativa de cualquier cosa. En la estructura atómica molecular de la materia se descubre la posibilidad, al fusionar el átomo, de destruir al planeta entero.

Cada problema conlleva dialécticamente su opuesto, es decir, la posibilidad de convertirse en oportunidad. Elipxo Internacional postula que en la transformación estructural están las claves para crear un planeta realmente funcional.

El laboratorio de Elipxo Internacional ha creado, a la fecha, las siguientes tecnologías, comprobables en términos observables y medibles.

- **El MTCO** (Modelo para la transformación cualitativa de toda organización, cuyos principios son el E-P-R
- **El Software Elipxo** (Software para la transformación cualitativa de toda organización, complemento del modelo anterior**).**
- **EL MTCU** (Modelo de Transformación Cualitativa Universitaria).
- **MAM (**Modelo Atómico Molecular**).**
- **PTCRHC** (Programa para la Transformación de la Relación Humana y Comunicación).

Ecología de transformación

Ecología (del griego Oikos, casa, medio, espacio, contexto, y logia, estudio, tratado) es el contexto cultural formado por N número de personas que generan, mantienen y profundizan un estado relacional transformado.

Si una persona transforma las bases de su relación y se mantiene relacionado con personas que no lo están, su estado no se sustenta, teniendo que trabajar continuamente para sustentarlo.

Escritura

Escribir es redactar (del latín redactum) lo que tiene en un fondo anímico y vital el escritor, y a su vez, redactar es el arte de construir la frase con claridad y precisión, incorporando, por medio de los recursos expresivos del escritor, un léxico y un estilo propio. El arte–ciencia de la escritura comprende pues el estudio de la frase o fraseología, el estudio del léxico o lexicología y el estudio del estilo o estilística.

Especialistas

Escribió Alexis Carrel, Premio Nobel de Medicina, cuando un especialista se consagra a una parte minúscula del cuerpo, su conocimiento del resto es tan rudimentario, que es incapaz de comprender bien la parte en que se ha especializado. Algo semejante ocurre con los educadores, los sacerdotes, los economistas, los sociólogos y siquiatras, que antes de limitarse por completo a su dominio particular, no han adquirido un conocimiento general del ser humano. Cuanto más eminente es un especialista más peligroso es, postula Alexis Carrel en su libro La incógnita del Hombre.

Los rectores de las universidades no comprenden que los intelectos sintéticos sean tan indispensables como los analíticos. Si se reconociera la superioridad de este género de intelecto y se alentara su desarrollo, los especialistas dejarían de ser peligrosos. Porque el significado de las partes en la organización del conjunto sería valorado correctamente (Alexis Carrel).

Espiral logarítmica

La espiral logarítmica es la curva natural del crecimiento, del desarrollo. Lo podemos observar desde la escala macro en la formación de una galaxia, a escala micro como el ADN. Aparece en conchas marinas, plantas, mire fijamente a una flor y comenzará a distinguir un patrón de curvas logarítmicas que se entrecruzan.

Este patrón elegante que se entrecruza lleva el nombre de Phyllotaxis y contiene un proceso matemático que es también encantador. La razón del por qué aparece en la naturaleza esta espiral en el proceso de desarrollo, es que es el resultado de esquemas muy simples y fluidos.

Estándares

La palabra estándar parte etimológicamente del anglicismo Standard. Se utiliza para significar un modelo o patrón. En la actualidad las organizaciones de vanguardia buscan establecer un estándar mundial para los envases potencialmente contaminantes.

La estandarización se aplica al establecimiento de normas para un determinado ámbito y propósito. El movimiento internacional de calidad ha creado el llamado ISO (Internacional Organización for Standarization) lo cual con base en el ordenamiento de procesos, estandarizan niveles cualitativos en las organizaciones que lo implementan.

Las normas de calidad establecidas por el ISO constituyen un estándar que certifica el nivel cualitativo de un producto; las empresas se certifican con la finalidad de que los compradores sientan confianza por el producto o servicio de la empresa. Los estándares son un conjunto de políticas, reglas, instrucciones y metodologías, establecidos por la gerencia para todos los procesos de la organización, mismos que constituyen una guía que orienta a todos los empleados

Estilística

Estilo es el carácter propio que da el artista o escritor a sus obras en virtud de sus recursos expresivos. La estilística comprende las siguientes categorías; estilística dialogada, narrativa, expositiva y descriptiva. El presente texto es fundamentalmente expositivo con ciertos complementos descriptivos y narrativos.

Estructura

Estructura, de acuerdo a la definición de Elipxo Internacional, es el marco contextual que determina el sentido orden y distribución de los contenidos dentro de dicho marco.

Estructura Organizacional Tradicional

La estructura tradicional organizacional lleva el nombre de organigrama. Fue ideada por Taylor y Fayol, hace aproximadamente 100 años en Estados Unidos. Diseñada con la finalidad de distribuir los puestos de trabajo en una empresa dada. Está compuesta por una línea vertical que ordena la jerarquía polinivelada y una horizontal que ordena los puestos de trabajo.

Estructura organizacional elíptica (Elipxo)

Dado que la calidad de una estructura es función del flujo entres sus partes y que el factor flujo es la esencia de la calidad, eficiencia y productividad, Elipxo Internacional desarrolló el algoritmo de mayor flujo entre las partes de una organización, creando la estructura elíptica y el Software Omicron.

Estructura de Realización

Una estructura de realización es como su nombre lo indica una estructura para realizar algo, una estructura de realización es equivalente a un proyecto estructurado de tal forma que sea realizable **cualitativa, coordinada y puntualmente**.

Un proyecto está compuesto por una serie de movimientos coordinados en la línea del tiempo que se lleva a cabo para crear un producto, servicio o inducir una transformación específica, esto es, persigue un resultado expresado términos observables y medibles.

Existe una variedad de herramientas para elaborar estructuras de realización, tales como el Dot Proyect, Nava Plan, Gantt Proyect, etc. Sin embargo, si estas no forman una estructura que enlaza los objetivos, los pasos para su cumplimiento responsable y coordinación lingüística en 0 cortes (bajo un código de coordinación establecido) con cada participante, en la realización del proyecto, éste puede caer en la horizontalidad y en el incumplimiento o postergacionismo reiterado.

Lo cual deriva en falta de credibilidad personal y grupal, lo que a su vez genera una curva de desempoderamiento gradual.

Una estructura de realización para un proyecto dado, diseñado y coordinado bajo la óptica y lógica contextual y en 0 cortes, genera cumplimiento puntual, que a su vez gesta una curva logarítmica gradual.

Finanzas

La palabra viene del francés Fiance, el término se aplica al estudio del **flujo de dinero** o recursos financieros (bonos, acciones, divisas, etc.) entre personas, organizaciones y naciones. El factor flujo entre ellos determina la calidad del proceso financiero.

Finanzas – Bio

Los procesos financieros en la actualidad son determinados por una serie de contextos o estructura, sin embargo existe un cruce contextual entre la mecánica biológica que lleva la molécula del agua, que fluye y forma estructuras bios, que mantienen la biósfera terrestre.

Por otro lado está la mecánica financiera, que está determinada por la estructura del modelo socioeconómico actual. Existe una interferencia entre los dos contextos, por lo que representa el principal factor del deterioro planetario, que ha llegado a un punto crítico.

Sin embargo, están surgiendo mecánicas financieras que están alineadas a BIOS, éstas tienden rápidamente a crecer, por no traer implícitas una contradicción (finanzas que destruyen el medio biológico que sustenta al mismo financiero). Bancos que no admiten interacciones financieras que dañen al tejido social o a los ecosistemas.

Física

Del Griego Physis, naturaleza, antiguamente al físico se la llamaba filósofo de la naturaleza, pues observa a ésta, para establecer sus leyes. Física es el estudio de la materia y la energía, en el escenario del espacio y del tiempo. Los actores son materia y energía, el escenario es el espacio-tiempo y el guion son las leyes que rigen su comportamiento.

Fisión Nuclear

En microfísica, la fisión es la división del núcleo atómico, que consiste en la división de un núcleo pesado en dos o más núcleos, liberando neutrones, rayos gama y partículas alfa. Fue descubierto por Otto Hahn y Lise Meitner, en Alemania.

Fusión Nuclear

Proceso por medio del cual varios núcleos atómicos de carga similar se integran formando otro más pesado. Lo que paralelamente absorbe o libera una enorme cantidad de energía, que posibilita transformar la materia a un estado plasmático.

Fuerza Centrípeta

Es, como lo indica su nombre, una fuerza dirigida hacia el centro. La fuerza centrípeta es la causa primera del movimiento circular uniforme. En un sistema organizacional los objetivos cualitativos son de naturaleza centrípeta.

Fuerza Centrífuga

Es una fuerza hacia afuera del centro. En el MTCO la fuerza centrífuga la representan los objetivos cuantitativos.

Fragmentación

Si pudiéramos nombrar en una sola palabra, la causa raíz de la crisis política, económica, ecológica y social de nuestros días, el término sería fragmentación. La visión fragmentada de la realidad genera una óptica y lógica que a su vez da lugar al diseño de modelos que funcionan a corto y mediano plazo, derivando en problema a largo plazo, pues no resuelven, parchan, postergan.

Glosario

Un glosario es un ordenamiento de definiciones o explicaciones de palabras que versan sobre un tema tratado o contexto, dichas palabras se ordenan de forma alfabética.

Gramática

Del griego Grammatikee, de grama, letra, y kos, relativo a las letras. En la Grecia clásica la gramática tomó un contexto retórico y filosófico. Modernamente se ha reducido a un contexto cerrado por fijación (ortodoxia).

Escribe Martin Alonso, en su magnífico texto Ciencia del Lenguaje, Arte del Estilo: Para los lingüistas como Saussure, la gramática es el estudio de la lengua como sistema de medios de expresión, quien dice gramatical dice sincrónico y significativo. Casi estamos, añade Martin Alonso, por afirmar que la enseñanza de la gramática como arte de hablar con propiedad y escribir con corrección, se encuentra en un periodo de fracaso.

Cuando el contexto gramatical se cierra por fijación (ver Principios lógica contextual) se genera una ortodoxia o sea el gramaticalismo, que concibe al lenguaje como algo estático sin proceso evolutivo en su material lingüístico, siendo el lenguaje un proceso vivo que fluye, cambia, evoluciona.

En su crítica al gramaticalismo, Martin Alonso añade: El lenguaje es una expresión natural humana, aprendemos a hablar sin estatutos ni preceptos, la gramática se presenta como hechura artificiosa, dispuesta a encasillar en reglas, el medio de comunicarnos con los demás. El problema, concluye, no es la gramática, sino más bien el gramaticalismo en el que ha caído.

Gran parte de la enseñanza de la gramática, dice la profesora inglesa Laura Brackenbury, ha fracasado hasta hoy porque no hemos tenido un claro concepto de esta materia como una ciencia.

Holon

En términos de ArturKoestler, un holon (todo unitario) es unidad con respecto a sí misma y parte con respecto a una unidad mayor. Un átomo es un holon (unidad), y parte con respecto a una unidad mayor (molécula). Cada sistema se puede considerar como un holon desde una partícula subatómica, hasta el sistema solar o la galaxia.

El universo así está estructurado; cuando rompemos este orden, formamos estructuras lineales no desarrollables o difícilmente desarrollables. La diferencia de funcionalidad es similar a la del cuadrado y el círculo en el fenómeno de procesar movimiento. Unas llantas cuadradas, con mucha potencia pueden andar, pero con desgaste e ineficiencia, en relación a unas llantas redondas que procesan movimiento con fluidez y eficiencia. Cuanto más aumente el número de puntos equidistantes al centro, en este ejemplo la rueda (cuadrada hexagonal, octogonal, etc.), cuanto mayor el flujo por tanto de la eficiencia.

La información de un holon fluye bidireccionalmente entre unidades o sistemas menores y mayores. Cuando este flujo de información bidireccional no es congruente (marcos cruzados) el sistema tiende a descoordinarse a degradarse.

Integridad

Íntegro del latín integer, entero, completo, no dividido o fragmentado, no dual o ambivalente.

- El origen de la mayoría de nuestros problemas tiene como causa raíz el autoengaño (falta de integridad endógena).-Spencer Johnson.
- La falta de integridad abre la posibilidad al problema.- Werner Erhard.
- La integridad es la base de todo progreso.- BukministerFuller.
- Werner Erhard sintetiza: La integridad funciona.

Inteligencia

La inteligencia es la capacidad de resolver un problema, en un acto autocreado e intencionalmente dirigido.

Inteligencia funcional

Existe una confusión generalizada entre mente y conciencia, la mente necesita forma y tiempo, la conciencia no; la mente sin la conciencia cae como un títere sin la mano que la mueve.

Utilizando una metáfora del paradigma de la informática, el hardware lo representa el cerebro, el software la mente, y el usuario la conciencia. La inteligencia funcional es producto de un ser humano conectado consigo mismo, que distingue claramente lo anterior, de tal forma que la mente se subordina a la conciencia dando lugar a un intelecto completo, armonioso, funcional y congruente.

Inteligencia disfuncional

Una inteligencia disfuncional es aquella que no distingue entre mente y conciencia, no distingue que todo es simple y complejo, mas no complicado. No distingue la calidad intelectiva con el barroquismo académico. No distingue que frecuentemente entra en incongruencias y contradicciones sin saberlo.

Este tipo de inteligencias crean tecnologías que dan y quitan al ser humano. Modelos que solucionan a corto plazo derivando en crisis a largo plazo. Modelos que no distinguen crecimiento con desarrollo económico.

Ingeniería

Conjunto de conocimientos y técnicas aplicados a la creación, implementación y perfeccionamiento de estructuras para la solución de problemas.

Ingeniería estructuralista

Es la aplicación de una lógica (lógica contextual), ciencia y técnica especializada, para el diseño de estructuras. Creado por Elipxo Internacional.

Intención

La intención es un acto volitivo, no es una expresión de la mente sino de la conciencia, la esencia de la comunicación es la intención.

Justo a tiempo

Es una metodología diseñada en Japón por Taiichi Ohno, cuya finalidad es reducir el desperdicio en la cadena de procesos de producción.

Kamban

Es una expresión de la metodología Justo a tiempo de Taiichi Ohno en las cadenas de producción. Un Kamban o letrero está colocado en sitios estratégicos de la línea de producción, indicando la cantidad dada en ese punto.

Kaizen

Es un método administrativo eminentemente japonés. Este término significa mejoramiento continuo, en la vida personal, familiar y en el trabajo. Cuando se aplica en la organización, Kaizen significa un movimiento de mejora continua que involucra a todos, directivos, gerentes y trabajadores.

Lexicología

El sentido de la palabra viene del griego léxicos –diccionario-, de lexis -lenguaje, palabras-, y logos -orden, tratado-. De acuerdo a La Ciencia del Lenguaje, Arte del Estilo, de Martin Alonso, es el estudio especial de la etimología, significación y forma de los vocablos, para su inclusión en el catálogo del idioma llamado léxico o diccionario.

Lexicología es el arte de redactar léxicos o vocabularios, es decir el proceso de coleccionar las palabras de un idioma, determinando el sentido y empleo de cada una de ellas.

Lógica

La palabra lógica es común en el espacio cultural. Frecuentemente señalamos a una conducta lógica, como contrapuesta a otra ilógica. En todos los casos, la palabra lógica es usada como sinónimo de razonable. Una persona de espíritu lógico, es una persona razonable. Sin embargo, no todo proceso de razonamiento es correcto y completo. La lógica es una metodología que posibilita hacer del razonamiento un proceso más claro, correcto y completo. Partiendo de lo anterior definiremos a la lógica como un instrumento del razonamiento.

Lógica formal

La lógica formal se fraguó en la Grecia clásica, el sintetizador del pensamiento griego, el intelecto más enciclopédico del periodo clásico fue Aristóteles; él recopiló, clasificó, ordenó, cuestionó y sistematizó al proceso de reflexión y con ello creó la lógica formal.

Las leyes de la lógica formal son claras y congruentes dentro de los límites de su propia estructura. Los principios de esta lógica son utilizados comúnmente, el ser humano emplea estos principios en procesos de razonamiento de manera empírica, es decir, sin teoría o metodología alguna, sin saber nada de Aristóteles ni de la lógica formal. Sin embargo, una cosa es obedecer una ley y emplearla y otra muy diferente es comprenderla y formularla científicamente.

Lógica dialéctica

La dialéctica es la lógica del movimiento, del cambio, de los procesos evolutivos. Con la comprensión de la correlación interna de la unidad y la pluralidad, lo general y lo singular, lo simple y lo complejo, el todo y la parte, la forma y el contenido, el reposo y el movimiento. En una palabra, con la comprensión de la unidad de los contrarios nace toda dialéctica.

Para poder deducir dialécticamente, hay que distinguir los opuestos complementarios que forman una unidad con dos caras. Así la expansión es la contracción en sentido opuesto, el más del menos, el hombre de la mujer, lo subjetivo de lo objetivo, el observador de lo observado.

Lógica Contextual

La proclividad a la complicación y a la incongruencia propia de nuestra cultura sociedad y civilización, no se deben a su irracionalidad, sino más bien a una racionalidad insuficiente, pues si nuestra condición fuera enteramente irracional (como los animales) al menos seríamos congruentes. Este déficit racional, origen de múltiples incongruencias y complicaciones, se puede sintetizar en una sola frase: Incapacidad de establecer claras relaciones entre contextos y contenidos.

El contexto (del latín contextus, con, y textere, tejer) es un tejido, un conjunto que forma a una totalidad. El contenido es una parte den-tro de dicha totalidad.

Cuando la relación contexto contenido es clara, se evidencia el principio fundamental de la lógica contextual, contexto determina el sentido del contenido, encontrando el contenido en proceso, un claro sentido de dirección.

Por el contrario, al darse una relación contexto contenido confusa y difusa, el contenido en proceso se mueve sin un claro sentido de propósito, en un espacio de contextos (sentidos) cruzados, que originan estados complicados e incongruentes.

La lógica formal relaciona dos contenidos (aseveraciones) estableciendo una conclusión falsa o verdadera.

La lógica dialéctica relaciona a los opuestos complementarios, que tienen relación funcional, es decir no existe el uno sin el otro, como arriba del abajo, más de menos, expansión de contracción, etc. Deduciendo procesos de movimiento, cambio, desarrollo.

La lógica contextual relaciona a un contenido o contenidos con el factor relativista, es decir con el contexto que le da el sentido.

Mantenimiento

Existen dos conceptos complementarios que son mantenimiento y mejoramiento. El mantenimiento consiste en estabilizar los estándares tecnológicos, administrativos y de operación.

MTCO

Modelo para la Transformación Cualitativa Organizacional. Es un modelo cuyos principios son: Estructura determina a los P) procesos y estos a R) los resultados de toda organización. Modelo de carácter científico, es decir siempre funciona al aplicarse correctamente los principios. Este modelo ha generado al software Elipxo para sustentar dichos principios estadísticamente.

Mejoramiento
El mejoramiento es un movimiento en la línea del tiempo, donde cada punto hacia adelante implica una alteración cualitativa pequeña o grande. Es más poderoso el mejoramiento pequeño incluso infinitesimal si es continuo, que un mejoramiento grande discontinuo.

Mecánica
Rama de la física clásica que consiste en el estudio de cómo cambia con el tiempo la posición de un cuerpo en el espacio.

Neologismo
Del adjetivo griego neos, nuevo, vocablo relacionado con el latín novus. Logismos significa razonamiento. Neologismo significará entonces razonamiento nuevo, palabra nueva introducida a un idioma.

La creación de una palabra nueva puede ser completamente innovadora, como el neologismo formal, o una nueva acepción, que es el neologismo de sentido. Los neologismos en el paradigma de Elipxo son generalmente de sentido.

Neologismos Elipxo
Palabras nuevas función del paradigma creado por Elipxo Internacional, donde muchas palabras como estructura, simple, complejo, complicado, contexto, contenido, lógica

contextual, estructuralismo, adquieren un sentido claro preciso en función de la transformación de lo complicado en complejo. Generalmente se toma la palabra compleja y complicada como sinónimos, lo que es parte de la confusión que deriva en una cultura complicada.

No

Es un signo lingüístico que cierra, completa. Opuesto complementario al SÍ, que abre, activa un proceso.

Organización

Grupo de seres humanos que operan en función de un marco referencial compartido o propósito.

Organización Inteligente

M. Senge, del Instituto Tecnológico de Massachusetts, describe a la organización inteligente con las siguientes palabras: En alguna ocasión la mayoría hemos formado parte de un gran "equipo", un grupo de personas que juntas funcionaban maravillosamente. Se profesaban confianza, complementaban mutuamente sus virtudes y compensaban mutuamente sus flaquezas. Tenían metas comunes, más amplias que las metas individuales, que producían resultados extraordinarios. He conocido a muchas personas que han experimentado esta profunda labor de equipo, en los deportes, en las artes dramáticas o en los negocios. Muchas han pasado gran parte de su vida procurando reencontrar esa experiencia. Lo que experimentaron fue una **organización inteligente**. El equipo no era magnífico desde un principio, sino que *aprendió* a generar resultados extraordinarios.

El Software ElipXo

El S.E. es un software cuyo propósito es transformar a la estructura tradicional compuesta por cuadros y líneas, en una estructura orbital, formando unidades estructurales y funcionales en flujo y conexión elípticos.

La calidad de una estructura es función del flujo entre sus partes, el factor flujo es la esencia de la funcionalidad, de la eficiencia. El S.F. induce flujo, en todas y cada uno de los proceso de la organización. Partiendo de la información contenida en la estructura tradicional, llamada organigrama, al cargar la base de datos del S.F. con dicha información, ya ordenada y completa, de acuerdo a los principios enunciados en la primera fase, el software genera su equivalente elíptico. El S.F. es para toda organización lo que es un sistema operativo a toda computadora, articula, coordina, integra, todas y cada una de las partes con el usuario. El transforma una organización de complicada a compleja, fluida, funcional.

Ortografía

La ortografía es parte de la gramática que normativiza la correcta utilización de las letras que componen el alfabeto del español, para con ellas construir palabras, así como la acentuación y la colocación de los signos de puntuación.

La ortografía ha pasado por los siguientes periodos: periodo fonético, periodo anárquico y periodo actual académico. Proclamado en 1726 el llamado sistema ortográfico de las etimologías para regular y normativizar la anarquía en la utilización de los vocablos.

El maestro Martin Alonso escribe en relación a la ortografía: La corrección ortográfica es una manifestación secundaria y exterior en el conocimiento del lenguaje. No hay que trastocar los valores. Primero es el empleo correcto de los vocablos en el mecanismo de la fraseología o arquitectura de enlazamiento de frases, y después la representación contingente de los mismos, figurados por las letras en cualquier superficie.

Aclarando, esta posición no postula anarquía ortográfica, sino más bien gradación y jerarquía.

Imagina la siguiente metáfora: escribir es como construir un edificio, donde la obra negra es la fraseología o arquitectura de las frases, los cuartos son la lexicología y la estilística. Siendo el acabado de los cuartos, la ortografía. Todos tienen su importancia pero como escribe Martin Alonso, gradación y jerarquía.

El gramaticalismo actual ha puesto la pirámide al revés, se detectan con lupa las faltas ortográficas, sin embargo se degrada impune y continuamente la esencia del idioma. Pues al invertir las bases todo cae en estado complicado.

Lo que en un análisis contextual deducimos el porqué este error de método estructural nos dé la razón suficiente del porqué la mayoría de los escritores vuelven la espalda a los libros de texto gramaticales, como despojándose de una carga onerosa e improductiva. Pues rompe el flujo constructivo de la expresión.

Principio General del Orden

La calidad, claridad y precisión de un ordenamiento dado es función del grado de ajuste entre el contexto y el contenido. Dicho principio es producto de la lógica contextual aplicada de Elipxo Internacional.

Óptica y lógica analítica
Es una metodología que se base en el análisis de la trayectoria pasada, para evaluar errores y aciertos.

Óptica y lógica del diseño
Es un concepto administrativo que intenta construir un enfoque mejor mediante metas predeterminadas, el enfoque del diseño debe recibir mayor atención en aplicaciones, en la trayectoria cronológica evolutiva del proceso administrativo.

Paradigma
Paradigma es una estructura de interpretación o contexto global. Aplicando la lógica contextual diríamos, cambio contexto o paradigma, cambio sentido del contenido. En otras palabras, cambio de paradigma cambia la óptica y lógica en que se observa a un contenido. Tal y como lo describe Tomas Kunth en Estructura de las Revoluciones Científicas. Cuando cambia un paradigma, es como si el científico se trasladara a otro mundo, donde el mismo objeto anteriormente observado se comporta diferente.

Petición
Es un acto lingüístico que activa un proceso. Que al recibir un sí de su interlocutor, activa un proceso a un tiempo de cumplimiento.

Política Organizacional

El término en general se utiliza para describir tendencias administrativas de mediano y largo alcance, así como objetivos anuales. Otro aspecto que está descrito en la política, es que contiene tanto fines como medios.

Prioridad de la Política

Metodología cuyo propósito y finalidad es asegurar la máxima utilización de los recursos en todos los niveles de la administración.

Comienza con una declaración de la alta dirección, misma que se estratifica a todos los niveles de la organización, en grupos cada vez más específicos y orientados a la acción.

Problema

Un problema es un punto crucial que puede tomar dos vertientes: 1) atraer más problema en función del primero, 2) abrir la posibilidad de transformar el problema en oportunidad, en oportunidad de mejoramiento.

Puntos de comprobación y puntos de control

Los puntos de control son zonas específicas para medir el progreso de las actividades relacionadas con mejoras que implican diferentes niveles de la organización.

Proceso

La palabra **proceso** viene del latín procesos (avance, marcha, desarrollo), a partir del supino processum, que también genera el participio (processus), del verbo procederé (marchar hacia adelante, avanzar). De procederé vienen también procesión y procedencia. En términos generales, proceso es todo aquello que se mueve en la línea del tiempo con un propósito definido.

Para lograr un resultado, cualquiera, se requiere de una serie de procesos. En el MTCO existen dos categorías de procesos, los Proceso X y los Procesos Y.

Procesos X en el MTCO

Los procesos X son centrípetos, es decir, van dirigidos hacia el centro del sistema organizacional. Son procesos cualitativos estabilizadores, los procesos X se subdividen a su vez en dos: Px.1 (coordinación lingüística en 0 cortes), Px.2 (orden de espacios, siguiendo el principio general del orden de Elipxo).

Procesos Y en el MTCO

Los procesos Y en el MTCO son aquellos por medio de los cuales cada puesto cumple con su misión de puesto. Estos se ordenan de mayor a menor importancia Py.1, Py.2, Py.3, etc.

Proceso eje

En la cadena de procesos que llevan a los resultados en toda organización de productos o servicios, existe un proceso central o proceso eje, este proceso es de carácter lingüístico y toma la forma de una petición promesa a un tiempo determinado.

Ejemplo: Te pido **X** en el tiempo **Y,** sí o no.............**No** (cerrado). **Sí** (activa un proceso).

Promesa
Es un signo lingüístico que al declararlo activa un proceso a un tiempo.

Ejemplo: Prometo hacer A en el tiempo X.

Racionalidad
Nuestra cultura sociedad, civilización, presenta no una irracionalidad sino más bien una racionalidad parcial, incompleta. Por lo cual genera incongruencias, contradicciones y complicaciones.

Reclamo
Del latín reclamare, prefijo de articulación verbal, antepuesto al verbo significa reiteración. En el contexto de la cultura de coordinación, reclamar es retomar el compromiso que cortó el flujo del proceso declarando su incumplimiento.

Ejemplo genérico:

- Prometiste A en el tiempo B ... No has cumplido
- El reclamo es la posibilidad de:
    - Reconstruir el proceso interrumpido
    - Reconstruir la credibilidad con la persona responsable
    - No quedarse resentido

Reléase lo anterior, no se confunda el reclamo con el regaño o el juicio. Pues ni el regaño ni el juicio funcionan, son disfuncionales. El reclamo es una reconstrucción de lo que quedó suelto, por medio de preguntas no de juicios.

Revocación

Es un movimiento lingüístico que consiste en: dada una promesa de cumplimiento de una acción **X** a un tiempo **Y,** ante un imprevisto que te impide cumplir en ese tiempo **X,** lo indicado para no generar un corte (incumplimiento) es revocar.

Me comprometí a hacer la acción X en el tiempo Y. La haré en el tiempo Y. O cierro: No lo haré.

Saber o no saber

Existen tres condiciones en relación al saber o no saber:

- Cuando sabes que sabes
  - Por ejemplo: el lector distingue que sabe aritmética, distingue que sabe leer, escribir, sumar y restar.
- Cuando sabes que no sabes
  - Ejemplo: el lector (supuesto como ejemplo) que no sabe física nuclear, sabe que no sabe.
- Cuando no sabes que no sabes
  - La tercera relación es cuando no distinguimos que no sabemos que no sabemos. Esta constituye un área completamente ciega.

Seguridad de la calidad

Implica una metodología, cuyo propósito es asegurar que la estructura y las cadenas de producción generen productos o servicios cualitativos y en mejora continua.

Semántica

Del griego semántica, relativo a la significación. En su texto Ciencia del Lenguaje, Arte del Estilo, Martin Alonso expone que en lexicología más adecuadamente se emplea la palabra semasiología, que representa, por sus raíces griegas, más claramente el sentido de la palabra, de demasía, significación, y logos, tratado. Tratado de la significación de las palabras.

Sistema

Un sistema, de acuerdo a la teoría general de sistemas, es una totalidad de variables mutuamente dependientes. De acuerdo a esta definición, hay sistemas atómicos, moleculares, sociales y organizacionales.

Sistemas Organizacionales

Es fundamental comprender que una organización o empresa es un sistema, no un mecanismo unidireccionalmente causal. Es un órgano vivo, por tanto su comportamiento obedece al de un sistema no al de una máquina.

Sustentabilidad - Real

El concepto de sustentabilidad se refiere al de sustentar o mantener productivos los sistemas biológicos en el transcurso del tiempo. Lo opuesto sería la destrucción gradual del recurso, la verdadera sustentabilidad surge con la visión conexa sistémica de las organizaciones con los ecosistemas, de tal forma que la organización alcanzará más calidad productividad y eficiencia si se alinea al flujo regenerativo de la molécula del agua.

Induciendo un efecto escalable = Calidad – Eficiencia – Productividad--- Regeneración de Ecosistemas.

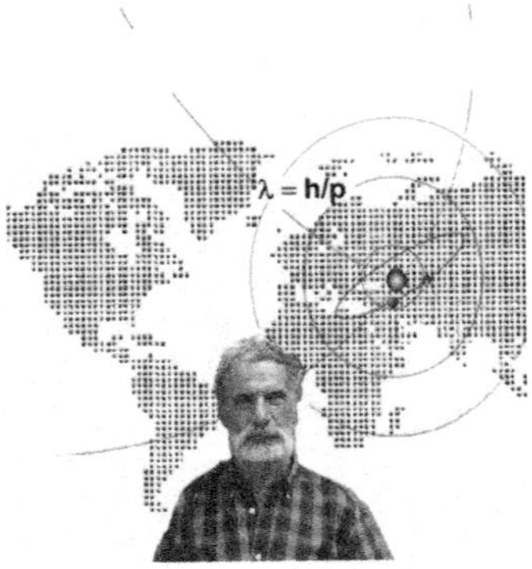

Santiago Sucarrats Dañobeitia nace en Barcelona, España. Su familia emigra a México cuando él aún era pequeño. Científico nato cuyas pasiones han sido la naturaleza y la ciencia.

Con base en cómo opera naturalmente el cerebro, en el proceso de investigación, aunado a la observación y experimentación, por décadas, del flujo de los ríos en las cuencas hidrológicas, desarrolla nuevas tecnologías, tecnologías de flujo y funcionalidad que posibilitan crear un mundo funcional.

Fundando, junto con César Lau Yuen y Alexandro Rodríguez Alvídrez, elipXo - internacional.

Contacto con Elipxo - Internacional para la asesoría o creación de centros de transformación cualitativa organizacional en puntos geográficos específicos: elipxo.publicaciones@gmail.com

Made in the USA
Monee, IL
04 November 2026

67383404R00134